Rotes Heft 1

Verbrennen und Löschen

Brandamtsrat **Roy Bergdoll**
Feuerwehr Mannheim
Brandamtsrat **Sebastian Breitenbach**
Feuerwehr Mannheim

18., erweiterte und überarbeitete Auflage

Verlag W. Kohlhammer

Die Bilder stammen – sofern nicht anders angeben – von der Feuerwehr Mannheim.

18., erweiterte und überarbeitete Auflage 2021

Gesamtherstellung: W. Kohlhammer GmbH, Stuttgart

Print: ISBN 978-3-17-026968-2

E-Book-Formate:
pdf: ISBN 978-3-17-039390-5
epub: ISBN 978-3-17-039391-2
mobi: ISBN 978-3-17-039392-9

Vorwort

Einfach war es nicht, dieses Rote Heft als Autorenteam fortzuführen, das unser Vorgänger Kurt Klingsohr in nunmehr 17 Auflagen gelebt hat. Hinzu kommt, dass sich eigentlich jeder Feuerwehrangehörige regelmäßig seit den ersten Unterrichten und Lehrgängen mit dem Thema Verbrennen und Löschen zu Genüge beschäftigt. In jeder Lernzielstufe kommt neues Wissen hinzu und eine jahrelange Tätigkeit im Einsatzdienst festigt das Erlernte, warum und wie etwas verbrennt und welche Löschmittel man am besten einsetzt und welche nicht. Warum braucht man dann auch noch ein Fachbuch zu diesem Thema?

Auch wir beide Autoren stellten uns diese Frage, als es darum ging, das Rote Heft 1 »Verbrennen und Löschen« weiterzuführen. Und je mehr wir uns zu diesen Fragen bei gemeinsamen Diensten, in unseren Bereitschaftszeiten und auch gemütlich auf der Terrasse bei einem von uns beiden austauschten, umso mehr stellten wir fest, dass es nicht einfach nur mit den vier Voraussetzungen einer Verbrennung und der Wahl des richtigen Löschmittels getan ist. Ein umfänglicherer Ansatz über die Grenzen der reinem Tatsachenvermittlung sollte her. Was interessiert die Leserinnen und Leser? Welche Themen werden hinterfragt, um sie auch zu verstehen? Was ist denn jetzt genau der Flash-over, was steckt dahinter, wie erkenne ich ihn und wie schütze ich mich. Oder warum gibt es die Brandklasse E »Brände in elektrischen (Nieder-)Spannungsanlagen« nicht mehr, obwohl die Themen Elektromobilität und Gefahren durch Lithium-Ionen-Akkus vermehrt diskutiert werden. Das Löschmittel Schaum ist mittlerweile mehr als nur Leicht-, Mittel- und Schwerschaum, aber warum werden Neurungen entwickelt und in Fahrzeuge eingebaut? Welche Vor- und Nachteile bringen sie?

Die inhaltliche Umgestaltung dieses Buches kostete uns einiges an Zeit. Ohne die allgemeinen Grundlagen zum Themenbereich Verbrennen und Löschen geht es nicht, das war uns klar. Müssen weiterführende Informationen mit physikalischen und chemischen Vorgängen mit dazu? Auch hier war schnell ein »Ja!« gefestigt, denn um Phänomene zu begreifen, sind die entsprechenden Grundlagen essentiell. Und auch Tabellen und Übersichten sind wichtige Mittel, um Tatsachen zu verstehen und Vergleiche anstellen zu können. Und schlussendlich waren wir uns einig, dass Praxisbeispiele und Bilder das Gelesene zusätzlich noch abrunden.

Mit diesen Zielsetzungen haben wir letztendlich versucht, an die Vorgängerversionen anzuknüpfen. Wir hoffen, mit der nunmehr 18. Auflage dieses Roten Heftes im Kapitel Verbrennen die vorherrschenden Grundlagen sowie das allgemeine Wissen mit weiterführenden Informationen unterbauen zu können. Ein weiterer Ansatz ist der Versuch, den Verbrennungsvorgang einmal in Gänze zu betrachten. Dies gilt weiterführend für den Abschnitt Löschen, denn auch hier haben wir uns das Ziel gesetzt, eine breite Basis für das fachliche Grundwissen rund um die Thematik Löschmittel und Löschverfahren zu vermitteln.

Die Leserinnen und Leser sind diejenigen, die beurteilen können, ob es uns gelungen ist, unsere Ansprüche und Gedanken umzusetzen. Wir erheben keinesfalls den Anspruch, vollumfänglich und allumfassend diese breiten Themenfelder zu erfassen, denn auch wir sind sicherlich in einigen Bereichen betriebsblind. Umso mehr freuen wir uns über Fragen und Anmerkungen der Leserinnen und Leser dieses Roten Heftes.

Roy Bergdoll Sebastian Breitenbach

Inhaltsverzeichnis

1 Verbrennen

Allgemein gesprochen wird das Verbrennen als ein chemischer Vorgang bezeichnet, bei dem sich Stoffe mit Sauerstoff verbinden und Wärme freigesetzt wird.

Die DIN 14011 beschreibt in Teil 1 den Vorgang des Verbrennens – auch als Brennen bezeichnet – wie folgt: »Brennen ist eine selbstständig ablaufende exotherme (wärmeabgebende) Reaktion zwischen einem brennbaren Stoff und Sauerstoff oder Luft. Das Brennen ist durch Flamme oder Glut gekennzeichnet.«.

Die naturwissenschaftliche Fachliteratur wie beispielsweise »Grundlagen der allgemeinen und anorganischen Chemie« von Dr. Rudolf Christen beschreibt den Verbrennungsvorgang als eine Redox-Reaktion (Reduktions-Oxidations-Reaktion), die unter Energiefreisetzung in Form von Wärme und Licht (also exotherm) abläuft. Der Oxidationsvorgang wird dabei als schnelle Umsetzung eines Materials (Reduktionsmittel) mit Sauerstoff (Oxidationsmittel) mit Flammenerscheinung verstanden, wobei auch andere Stoffe als Sauerstoff das Oxidationsmittel darstellen können. Ohne auf chemische und physikalische Grundlagen weiter eingehen zu wollen, wird schon aus den vorherigen Beschreibungen deutlich, dass bestimmte Voraussetzungen erfüllt sein müssen, damit eine Verbrennung überhaupt stattfinden kann. Auf der stofflichen (materiellen) Seite

- muss zum einen ein **brennbarer Stoff** in einer für die Verbrennung geeigneten Form vorliegen;

- muss zum anderen genügend **Sauerstoff** vorhanden sein und dieser muss Zugang zum brennbaren Stoff haben;
- müssen brennbarer Stoff und Sauerstoff in einem günstigen **Mischungsverhältnis** bzw. **Mengenverhältnis** zueinanderstehen, damit sie überhaupt reagieren können.

Sind alle stofflichen Voraussetzungen gegeben, fehlt immer noch die energetische Seite, damit der Verbrennungsvorgang überhaupt startet und in der Folge selbstständig weiterbrennt. Somit

- muss als letzte Voraussetzung für den Verbrennungsvorgang den stofflichen Voraussetzungen eine gewisse Menge **Zündenergie** zugeführt werden.

Im Folgenden wird auf die einzelnen Voraussetzungen näher eingegangen und die mit dem Verbrennungsvorgang verbundenen Begrifflichkeiten und Kennzahlen herausgearbeitet.

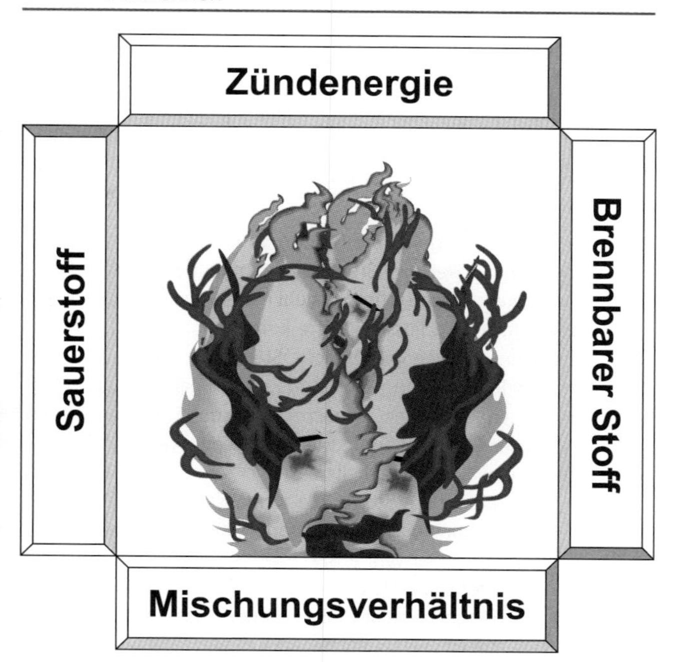

Bild 1: *Die vier Voraussetzungen für eine Verbrennung (Quelle: Roy Bergdoll)*

2 Voraussetzung »Brennbarer Stoff«

2.1 Allgemeine Grundlagen

Als erste Bedingung, die für den Verbrennungsvorgang notwendig ist, sollen die »Brennbaren Stoffe« beleuchtet werden. Unter brennbaren Stoffen versteht man alle gasförmigen Stoffe sowie feste und flüssige Stoffe in ihren unterschiedlichen Erscheinungsformen wie Dämpfe, Stäube und Nebel, die beim Vorhandensein von Sauerstoff und einer ausreichenden Zündenergie brennen. Betrachtet man das Einsatzgeschehen der Feuerwehr, so könnte man die brennbaren Stoffe in folgende drei Gruppen einteilen.

1. Brennbare Stoffe, die Kohlenstoff enthalten. Diese Gruppe macht wohl knapp 100 % der Brandeinsätze der Feuerwehr aus. Handelt es sich doch hierbei um Stoffe wie Holz, Heu, Stroh, Papier und Kunststoffe, die fast immer in irgendeiner Form an Bränden beteiligt sind und welche die typische Rußbildung beim Verbrennen hervorrufen. Weitere Vertreter dieser Gruppe sind Kraftstoffe, Mineralöle, Stadt- und Erdgas, Propan oder Acetylen.
2. Metalle wie Eisen, Magnesium oder Aluminium, die vor allem in zerkleinerten Formen als Granulat, Späne oder Pulver leicht zum Brennen gebracht werden können.
3. Bleiben noch Stoffe wie Schwefel, Phosphor, einige Alkali- und Erdalkalimetalle wie Natrium oder Calcium

sowie deren Legierungen übrig, die im Brandeinsatz eine eher untergeordnete Rolle spielen.

Es gibt weitere Unterscheidungsmerkmale wie chemische Zusammensetzung, Temperaturklassen (Einteilung brennbarer Stoffe nach deren Zündtemperatur), Brennbarkeitsgruppen (leicht-, normal- und schwerbrennbare Stoffe) oder die Gefahrklassen bei brennbaren Flüssigkeiten bzw. Explosionsgruppen bei brennbaren Gasen, die zu einer Klassifizierung der brennbaren Stoffe herangezogen werden können. Letztendlich hat sich die Gruppeneinteilung nach gleichartigem Brandverhalten bewährt – die Einteilung in sogenannten Brandklassen.

2.2 Brandklassen

Brandklasse A – feste brennbare Stoffe
Definition der Brandklasse A nach DIN EN 2: Brände fester Stoffe, hauptsächlich organischer Natur, die normalerweise unter Glutbildung verbrennen.

Hauptbestandteil organisch aufgebauter Materie ist das Element Kohlenstoff in Kombination mit Wasserstoff (die sogenannten Kohlenwasserstoffverbindungen) sowie Sauerstoff, Stickstoff, Schwefel und/oder Phosphor. Organische Stoffe sind entweder natürlichen Ursprungs und entstammen dem Pflanzenwachstum oder es handelt sich um synthetisch hergestellte Stoffe wie eine Vielzahl von Kunststoffen. Da Kunststoffe in der Regel aus Erdölderivaten hergestellt werden, sind sie im weitesten Sinne auch organische Stoffe, die vom Pflanzenwachstum herrühren.

Typisch für Stoffe der Brandklasse A ist das Verbrennen mit **Flammenerscheinung** und **Glutbildung**. Erhitzt man einen brennbaren festen Stoff, so treten zunächst leichtflüchtige, später auch schwerer flüchtige Gase, die **Pyrolysegase** aus, die für die Flammenbildung verantwortlich sind. Die Glutbildung wird dann durch den nichtflüchtigen festen Kohlenstoffanteil hervorgerufen. Ein weiteres typisches Merkmal beim Verbrennen von Stoffen der Brandklasse A ist die **Rußbildung** und die damit einhergehende Brandparallelerscheinung Rauch.

Während bei der vollständigen Verbrennung einer reinen Kohlenwasserstoffverbindung nur die unsichtbaren Verbrennungsprodukte Kohlenstoffdioxid und Wasser gebildet werden, entstehen bei einem Brandereignis, das die Feuerwehr normalerweise in Form eines Schadenfeuers auf den Plan ruft, zusätzlich noch das giftige Kohlenstoffmonoxid, weitere Schwelgase, Aerosole und sichtbarer Rauch. Die schwarzen Ruß- und Holzkohleteile sowie Flugasche, der weiße Wasserdampf und die gelbgrün bis braun gefärbten Schwelgase bestimmen die Farbe des Rauches. Neben der Farbe können das Rauchvolumen, die Rauchdichte und die Geschwindigkeit bzw. der Druck, mit der Rauch aus einer Öffnung gedrückt wird, wichtige Hinweise auf das Brandereignis geben und damit Rückschlüsse auf die Entwicklung des Brandes gezogen werden – man kann quasi »aus dem Rauch lesen«. Welche Gefahren im Feuerwehreinsatz von Pyrolysegasen ausgehen und welche Hinweise der Brandrauch auf den Verbrennungsvorgang gibt, wird im Kapitel 6 »Brandverläufe am Beispiel eines Zimmerbrandes« näher beschrieben.

Bild 2: ***Feste brennbare Stoffe verbrennen mit Flammenerscheinung und Glutbildung sowie Rußbildung***

Eine besondere Gefahr geht von brennbaren festen Stoffen aus, die in feinstverteilter Form vorliegen, den Stäuben. Zu nennen sind hier die klassischen organischen Stäube aus Holz oder Kohle sowie den daraus abgeleiteten Nahrungsmittelstäuben aus Mehl und Zucker. Es sind aber auch Stäube von Schwefel, Hartgummi, Erzen, Kunststoffen, Arzneimitteln oder Farbstoffen anzuführen. In der Luft bilden diese Stäube explosionsfähige Atmosphären, die sich ähnlich wie Dampf- oder Gas-Luft-Gemische verhalten und unterschiedliche Abbrandverhalten aufweisen. Die für die Feuerwehr relevanten Kennzahlen bzw. Begrifflichkeiten im großen Umfeld des Begriffs der Explosion sind im Kapitel 5 »Voraussetzung Mengenverhältnis« näher erläutert.

Bild 3: ***Der Rauchaustritt bei einem Schadfeuer lässt Rückschlüsse auf das Brandgeschehen zu.***

Brandklasse B – flüssige brennbare Stoffe

Definition der Brandklasse B nach DIN EN 2: Brände von flüssigen oder flüssig werdenden Stoffen.

Eigentlich ist diese Definition nicht ganz richtig, denn es brennen nicht die Flüssigkeiten selbst, sondern die sich aus der Flüssigkeit heraus entwickelnden Dämpfe. Ein Faktum, das beim Löschen von brennbaren Flüssigkeiten eine wichtige Rolle spielt (siehe Kapitel 8 »Löschmittel«). Je nachdem, um welche Flüssigkeit es sich handelt, entwickeln sich abhängig von Umgebungstemperatur und Umgebungsdruck mehr oder weniger zündfähige Dämpfe. Ein typisches Merkmal für Stoffe der Brandklasse B ist, dass sie nur unter Flammenerscheinung brennen. Je nach Unvollständigkeit der Verbrennung ist aber auch hier eine Rußbildung die Regel, vor allem wenn es sich um größere (längere) Kohlenwasserstoffverbindungen handelt. Die komplexen Kohlenwasserstoffverbindungen Benzin oder Diesel verbrennen mit einer deutlichen Ruß- und Rauchentwicklung, ebenso Wachs. Brennspiritus bzw. Ethanol oder Methanol hingegen rauchen fast überhaupt nicht.

Bild 4: ***Brennbare Flüssigkeiten verbrennen normalerweise nur unter Flammenerscheinung, bei unvollständigen Verbrennungen tritt auch eine Rußbildung auf. (Quelle: Roy Bergdoll)***

Eine differenzierte Einteilung brennbarer Flüssigkeiten erfolgt in der Regel nach deren Flammpunkt (wie der Flammpunkt definiert ist, ist im Folgenden angeführt). Bis 2003 erfolgte die Einteilung nach der »Verordnung über brennbare Flüssigkeiten«

(VbF). Unterschieden wurde dabei zwischen nicht wasserlöslichen (unpolaren) brennbaren Flüssigkeiten (Gefahrklasse A) und bei 15 °C wasserlöslichen (polaren) brennbaren Flüssigkeiten mit einem Flammpunkt unter 21 °C (Gefahrklasse B). Die Gefahrklasse A war, abhängig von den Flammpunkten, nochmals in die drei Untergruppen AI bis AIII unterteilt.

Derzeit erfolgt die Klassifizierung nach europäischem Gefahrstoffrecht wie folgt:

- hochentzündliche Flüssigkeiten (F+) mit einem Flammpunkt unter 0 °C und Siedebeginn kleiner 35 °C,
- leichtentzündliche Flüssigkeiten (F) mit einem Flammpunkt von 0 °C bis 21 °C,
- entzündliche Flüssigkeiten mit einem Flammpunkt von 21 °C bis 55 °C.

Bild 5: ***Kennzeichnung brennbarer Flüssigkeiten nach der Gefahrstoffverordnung (GefStoffV) (Quelle: Roy Bergdoll)***

Die GHS-Verordnung (Globally Harmonised System of Classification and Labelling of Chemicals) klassifiziert noch etwas genauer, was aber für den Feuerwehreinsatz keinen Unterschied macht.

- Flüssigkeit und Dampf extrem entzündbar (Gefahrenkategorie 1) mit einem Flammpunkt kleiner 23 °C und Siedebeginn kleiner/gleich 35 °C.
- Flüssigkeit und Dampf leicht entzündbar (Gefahrenkategorie 2) mit einem Flammpunkt kleiner 23 °C und Siedebeginn größer 35 °C.
- Flüssigkeit und Dampf entzündbar (Gefahrenkategorie 3) mit einem Flammpunkt von 21 °C bis 60 °C.

Bild 6: ***Kennzeichnung brennbarer Flüssigkeiten nach der GHS-Verordnung (Globally Harmonised System of Classification and Labelling of Chemicals) (Quelle: Roy Bergdoll)***

Für den Einsatz des richtigen Löschmittels werden brennbare Flüssigkeiten, wie bereits angeführt, in Anlehnung an die nicht mehr gültige VbF in polare und unpolare Flüssigkeiten unterschieden (siehe Kapitel 8.2.2). Brennbare, mit Wasser nicht mischbare (unpolare) Flüssigkeiten sind z. B. Benzin, Heizöl, Petroleum und Ether. Brennbare, mit Wasser mischbare (polare) Flüssigkeiten sind z. B. Alkohol oder Aceton.

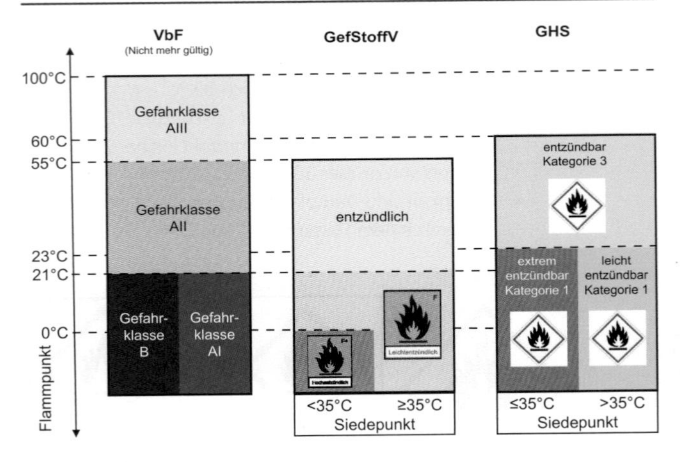

Bild 7: ***Gegenüberstellung der Kennzeichnung von brennbaren Flüssigkeiten nach GefStoffV und GHS-Verordnung und der nicht mehr gültigen VbF (Quelle: Roy Bergdoll)***

Brandklasse C – gasförmige brennbare Stoffe

Definition der Brandklasse C nach DIN EN 2: Brände von Gasen.

Analog zu Dämpfen bei brennbaren Flüssigkeiten brennen Gase lediglich unter Flammenerscheinung und je nach chemischer Zusammensetzung des Stoffs und den Umgebungsbedingungen mit mehr oder weniger Rußbildung. Da brennbare Gase definitionsgemäß keinen Flammpunkt besitzen – einmal mit einer Zündquelle in Kontakt gekommen, hört der Verbrennungsvorgang bei Wegnahme der Zündquelle nicht mehr auf – ist ihr Abbrandverhalten wesentlich schwerer als bei den brennbaren Flüssigkeiten zu definieren. Es kommt in der Regel eher zu Explosionsereignissen als zu einem kontrollierten Abbrennen austretenden Gases. Um brennbare Gase klassifizieren zu können, werden neben der Zündtemperatur noch ihre sogenannten unteren und oberen Explosionsgrenzen (UEG und OEG) betrachtet.

Im Gegensatz zu Dämpfen brennbarer Flüssigkeiten, die alle schwerer als Luft sind, muss man bei Gasen unterscheiden, ob sie nach oben steigen oder nach unten fließen, um daraus einsatztaktische Maßnahmen ableiten zu können. Von den elf Gasen, die leichter als Luft sind, sind sieben brennbar. Dies sind

1. Wasserstoff H_2,
2. Methan CH_4 (Hauptbestandteil von Erdgas),
3. Acetylen C_2H_2,
4. Diboran B_2H_6,
5. Kohlenstoffmonoxid CO,
6. Ethen (Ethylen) C_2H_4 und
7. Ammoniak NH_3.

Prinzipiell ist Ammoniak (NH_3) auch ein brennbares Gas, das leichter als Luft ist, der Stoff wird aber aufgrund seiner Schwerentflammbarkeit vor allem im Gefahrguttransport als »nicht brennbar« eingestuft. Dennoch existieren Explosionsgrenzen und das Zünden eines Ammoniak-Luft-Gemischs ist durchaus möglich.

Eine weitergehende Klassifizierung brennbarer Gase ähnlich den brennbaren Flüssigkeiten gibt es nicht. Gegebenenfalls könnte man noch die vom Deutschen Verein des Gas- und Wasserfaches e.V. (DVGW) definierten drei Gasfamilien anführen.

Bild 8: ***Brand eines gasbetriebenen Pkw, die Rußanteile im Brandrauch stammen aus dem verbrennenden Lack bzw. von Kunststoffteilen.***

Allerdings handelt es sich dabei, mit Ausnahme der Flüssiggase, weitestgehend um unterschiedliche Mischungen aus Wasserstoff, flüchtigen Kohlenwasserstoffen (insbesondere Methan, Ethan und Propan), Kohlenstoffmonoxid mit Nebenbestandteilen wie Schwefelwasserstoff oder Ammoniak und nichtbrennbaren Bestandteilen. Die Gasfamilien sind im Einzelnen:

- **DVGW-Gasfamilie N (Erd-, Erdöl- und Naturgase)**: hierzu zählen Erd- und Erdölgase aus natürlichen Lagerstätten sowie Grubengas. Weiterhin Wasserstoff sowie Naturgase, zu denen Faulgas aus Biogasanlagen und Kompostanlagen, Deponiegas oder Klärgas gerechnet werden.

- **DVGW-Gasfamilie F (Flüssiggase)**: hierzu zählen vor allem Propan und Butan sowie deren Gemische aber auch Raffineriegase, die als Nebenprodukte der Erdölraffinierung auftreten. Typisch für Flüssiggase ist und wie der Name schon sagt, dass diese Gase unter Druck flüssig sind, beim Freiwerden aber sofort in den gasförmigen Zustand übergehen wie z. B. bei Einwegfeuerzeugen.
- **DVGW-Gasfamilie S (Stadt- und Ferngase)**: Stadtgase – auch Kohlegase genannt – zeichnen sich durch einen hohen Gehalt an Wasserstoff und Kohlenstoffmonoxid aus, sind sehr giftig und heute eher selten. Kohlegase wie Kokereigas, Gichtgas, Grubengas, Wassergas, Holzgas usw. fallen in der Kohle- und Stahlindustrie als Nebenprodukte an. Sie werden aufgrund ihrer Giftigkeit heute nicht mehr in öffentliche Netze eingespeist.

Die DVGW-Gasfamilie L für Gas-Luft-Gemische hat heutzutage keine große Bedeutung mehr.

Brandklasse D – metallische brennbare Stoffe

Definition der Brandklasse D nach DIN EN 2: Brände von Metallen.

Grundsätzlich reagieren alle Metalle mit Sauerstoff. In der Regel erfolgt der Vorgang sehr langsam und es bildet sich über dem Metall eine Oxidschicht. Beispiele hierfür sind der Rost bei Eisen, die Patina bei Kupfer oder der Weißrost bei Aluminium. In Folge dessen kann man auch festhalten, dass fast alle Metalle unter bestimmten Bedingungen brennbar sind. Als brennbare Metalle werden aber in dieser Brandklasse in der Regel nur die Metalle angeführt, die unter den üblichen atmosphärischen Verhältnissen zu rasch verlaufenden Oxidationsvorgängen neigen. Typisch für Metallbrände ist die starke Glutbildung in Verbindung mit sehr hohen Verbrennungstemperaturen, die zur Schaffung dieser eigenen Brandklasse geführt haben. Bei den meisten Metallbränden sind Temperaturen von gut 1 000 °C zu erwarten, Leichtmetalle brennen bei 2 000 °C bis 3 000 °C und das Schwermetall Zirkon sogar bei über 4 600 °C. Diese hohen Temperaturen können chemische Reaktionen auslösen, beispielsweise die Zersetzung von Wasser oder Kohlestoffdioxid, die beim Löschen zu sehr unangenehmen, wenn nicht sogar lebensgefährliche Überraschungen führen können (siehe Kapitel 8.1.2 und 8.4).

Die größte Gruppe der brennbaren Metalle stellen aufgrund ihres ausgeprägten Oxidationsverhaltens die Alkali- und Erdalkalimetalle dar. Charakteristisch für diese Gruppe ist deren geringe Dichte und somit die Eingruppierung als Leichtmetalle sowie deren Reaktionsfreudigkeit. Die Alkalimetalle Lithium (Li), Natrium (Na), Kalium (K), Rubidium (Rb) und Cäsium (Cs) sind metallisch glänzend mit silbrig-weißer Farbe. Eine Ausnahme hierbei zeigt jedoch das Cäsium, das schon bei geringsten Verunreinigungen einen Goldton aufweist. Alle Alkalimetalle sind mit dem Messer schneidbar und reagieren mit vielen Stoffen, so beispielsweise mit Wasser, Luft, niedrigsiedenden Alkoholen, Säuren oder Halogenen teilweise äußerst heftig unter starker Wärmeentwicklung. Rubidium und Caesium können sich an der Luft selbst entzünden, weshalb sie unter Luftabschluss in Ampullen aufbewahrt werden. Lithium, Natrium und Kalium werden unter Schutzflüssigkeiten wie Paraffin oder Petroleum aufbewahrt. Lithium und Natrium reagieren mit Wasser zwar heftig unter Wasserstoffentwicklung, aber ohne dass es in der Regel zur Entzündung des Wasserstoffs kommt. Kalium und Rubidium reagieren unter spontaner Entzündung des Wasserstoffs, Caesium reagiert explosionsartig.

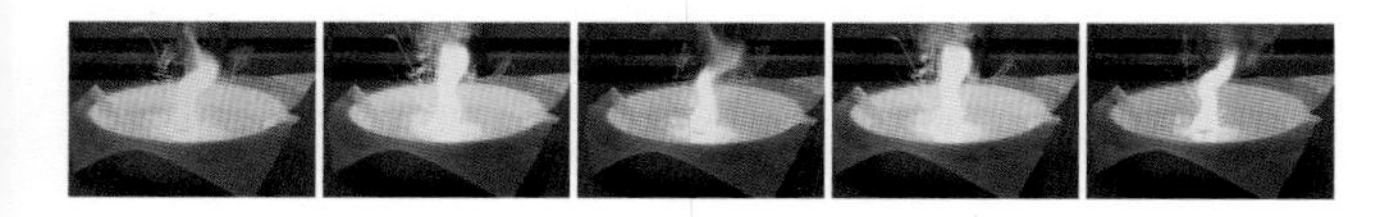

Bild 9: ***Charakteristische gelbe Flammfärbung von brennendem Natrium (Quelle: Roy Bergdoll)***

Als Erdalkalimetalle werden die Elemente Beryllium (Be), Magnesium (Mg), Calcium (Ca), Strontium (Sr) und Barium (Ba) bezeichnet. Die Reaktionsfreudigkeit ist bei den Erdalkalimetallen nicht so stark ausgeprägt wie bei den Alkalimetallen. Beryllium ist bei Raumtemperatur an trockener Luft beständig, da es von einer passivierenden Oxidschicht überzogen wird, ebenso wird Magnesium passiviert. Diese Oxidschicht verhindert jedoch nicht, dass Magnesiumpulver, -bänder oder -folien sich leicht entzünden lassen. Calcium, Strontium und Barium laufen an trockener Luft schnell an und sind in fein verteilter Form selbstentzündlich. Auch in Verbindung mit Wasser werden Beryllium und Magnesium passiviert, die übrigen Erdalkalimetalle reagieren bei Raumtemperatur heftig mit Wasser. Auf Francium (Fr) als radioaktives Alkalimetall und Radium (Ra) als radioaktives Erdalkalimetall wird nicht näher eingegangen, da beide Elemente für die Feuerwehren in Bezug auf die Brandbekämpfung als nicht relevant angesehen werden können.

Die Verbrennung von Alkalimetallen und Erdalkalimetallen verläuft unter erheblicher Rauchentwicklung und es zeigen sich dabei charakteristische Flammenfärbungen, die teilweise zum qualitativen Nachweis dienen können. Ausnahme sind Beryllium und Magnesium, die keine Flammfärbung im sichtbaren Spektrum ausweisen, in metallischer Form verbrennen sie jedoch mit einer blendend weißen Flamme mit hohem UV-Anteil.

- Lithium und seine Salze färben die Flamme karminrot,
- Natrium und seine Salze färben die Flamme gelb,
- Kalium und seine Salze färben die Flamme rotviolett,
- Rubidium und seine Salze färben die Flamme rot,
- Caesium und seine Salze färben die Flamme blauviolett,
- Calcium und seine Salze färben die Flamme ziegelrot,
- Strontium und seine Salze färben die Flamme rot,
- Barium und seine Salze färben die Flamme fahlgrün.

Aufgrund dieser Flammenfärbung werden Alkalimetallverbindungen für Feuerwerke und Wunderkerzen benutzt und sind den Feuerwehren auch beispielsweise als bengalische Feuer in Form von Magnesiumfackeln bei Fußballspielen oder als Seenot-Handfackeln bekannt.

Neben den Alkali- und Erdalkalimetallen gibt es weitere Metalle und Metalllegierungen, die brennbare Eigenschaften aufweisen. Hier ist zum einen das Aluminium (Al) zu nennen, das zwar selbst nicht brennt, aber unter bestimmten Bedingungen, zum Beispiel in feinster Pulverform oder als Granulat, unter hoher Wärmefreisetzung reagiert. Als feinstes, unbehandeltes Pulver (sogenanntes nicht-phlegmatisiertes Pulver) ist Aluminium extrem reaktionsfreudig, entzündet sich bei Luftkontakt explosionsartig von selbst und verbrennt mit blendend weißer Flamme. Die hohe Wärmefreisetzung wird technisch zum Beispiel beim sogenannten Thermitschweißen von Bahnschienen genutzt. Hier wird ein Gemisch aus Aluminiumgrieß und Eisenoxidpulver mittels Magnesiumband oder Bariumperoxid entzündet und bei Reaktionstemperaturen von ungefähr 2 400 °C bildet sich flüssiges Eisen. Weniger bekannt ist, dass reines Aluminium auch mit Wasser reagiert und dabei Wasserstoff freisetzt. Zwar bildet sich sehr schnell eine Schutzschicht (Passivierung) und eine weitergehende Reaktion wird unterbunden, jedoch setzt die Passivierung so viel Wärme frei, dass es zu einer Reaktion des freigesetzten Wasserstoffs mit dem umgebenden Sauerstoff (der sogenannte Knallgasreaktion) kommen kann.

Abhängig vom Zerteilungsgrad verbrennen auch Metalle wie beispielsweise Eisen, Kupfer, Zink, Blei, Titan oder Zirkonium. Eisen ist in feinverteilter Form wie Stahlwolle oder Eisenpulver sehr leicht entzündlich, Bleipulver ist sogar selbstentzündlich. Stahlwolle lässt sich bereits durch den Kontakt mit den beiden Polen einer Flachbatterie entzünden – eine immer wieder vorkommende Brandursache in Werkstätten. Eisen verbrennt mit orange-gelber Flamme, Kupfer zeigt eine grünliche Flamme und Zink verbrennt bläulich weiß. Somit ist vor allem bei Einsätzen, bei denen Abfallprodukte von Schredder-,

Fräs- und Drehmaschinen anzutreffen sind und somit ungewöhnliche Flammfarben sowie erhebliche Verbrennungstemperaturen entstehen können, ein besonderes Augenmerk auf die verwendeten Löschmittel zu legen.

Brandklasse F

Definition der Brandklasse F nach DIN EN 2: Brände von Speiseölen/-fetten (pflanzliche oder tierische Öle und Fette) in Frittier- und Fettbackgeräten und anderen Kücheneinrichtungen und -geräten.

Eigentlich gehören Speiseöle und Speisefette in die Brandklasse B eingegliedert, seit 2005 werden sie allerdings wegen ihrer besonderen Eigenschaften und Gefahren in der separaten Brandklasse F betrachtet. Ein weiterer Hintergrund für die Ausgliederung ist die Tatsache, dass die Standartlöschmittel für die Brandklasse B bei diesen Stoffen nur bedingt verwendet werden können, zum Teil keine Wirkung zeigen oder sogar zu einer Brandausweitung führen.

Während die meisten Stoffe der Brandklasse B in der Regel eine Zündquelle zur Entzündung benötigen, entzünden sich Speiseöle und Speisefette bei genügend hoher Wärmezufuhr von selbst und brennen mit Temperaturen über 300 °C. Versucht man nun diesen Brand mit Wasser oder wässrigen Löschmitteln zu bekämpfen, kommt es zur sogenannten Fettexplosion. Da Wasser schwerer als Öl ist, sinkt es auf den Grund des Behälters ab. Infolge der großen Hitze des Öls oder Fettes sowie des Behälters verdampft das Wasser augenblicklich, was zu einer Volumenvergrößerung infolge der Wasserdampfbildung führt. Mit dem Austritt des Wasserdampfes wird das Brandgut aus dem Behälter geschleudert und in feinstverteilte

Tröpfchen zerstäubt. Es kommt zu einem explosionsartigen Zünden der Fett- und Öltröpfchen, was in einem geschlossenen Raum zu einer massiven Brandausweitung führt.

Bild 10: ***Darstellung einer Fettexplosion (Quelle: Feuerwehr Ilvesheim)***

Selbst wenn das Speiseöl oder das Speisefett noch nicht brennt und es zu einem Siedeverzug durch die unsachgemäße Zugabe von Wasser kommt, können sich die feinverteilten Öl- und Fetttröpfchen an heißen Oberflächen explosionsartig entzünden und so einen Brand auslösen. Der physikalisch-chemische Vorgang einer **»Fettexplosion«**, also das Verdampfen von Wasser mit anschließenden Zünden des ausgeschleuderten feinverteilten Brandgutes, kann auch bei allen anderen brennbaren Flüssigkeiten oder flüssig werdenden Stoffen auftreten, sobald deren Temperatur über der Siedetemperatur des Wassers liegt. Ein klassisches Beispiel hierfür ist erhitztes Wachs, aber auch erhitzte Motor- oder Schweröle oder Bitumen können zu einer (Fett-)Explosion führen.

»Brandklasse E«

Eigentlich wurde die Brandklasse E, die für Brände in elektrischen Niederspannungsanlagen (bis 1 000 Volt) vorgesehen war, 1978 abgeschafft. Mittlerweile hat jedoch eine umfangreiche Akkumulatorentechnologie in unserem Leben Einzug gehalten, die aufgrund ihres Brandverhaltens und dem besonderen Einsatz von Löschmitteln, ähnlich der gesonderten Betrachtung der Brandklasse F, für die eine separate Betrachtung der »Brandklasse E« herangezogen werden könnte. Vor allem Lithium-Ionen-Batterien und Lithium-Ionen-Akkus haben aufgrund ihrer hohen Energiedichte (dem Energiespeichervermögen) millionenfach neben den herkömmliche Nickel-Cadmium- oder Nickel-Metallhydrid-Akkus den Markt erobert. In fast jedem aufladbaren haushaltsüblichen elektrischen Gerät wie Mobiltelefonen, Tablets, Notebooks, Digitalkameras, Werkzeugen, Gartengeräten usw., finden sich Lithium-Ionen-Akkus. Und in der immer weiter fortschreitenden Elektromobilität werden mehr und mehr diese leistungsstarken Akkus in Elektro- und Hybridfahrzeugen, E-Bikes, Pedelecs, E-Rollern und sogar in Elektrorollstühlen verbaut. Doch gerade aufgrund ihrer hohen Energiedichte und den verwendeten Bauteilen weisen Lithium-Ionen-Akkus unter bestimmten Umständen ein gewisses Gefährdungspotential auf. Mechanische Beschädigungen, thermische oder elektrische Belastungen sowie fehlerhafte oder unsachgemäße Handhabung oder Mängel in der Herstellung können zu einem Kurzschluss mit anschließender Brandentwicklung führen, wobei sich die gespeicherte Energie auf einmal entladen kann.

Wird durch einen der oben beschriebenen Fehlbehandlungen die Trennwand zwischen den beiden Elektrodenräumen, der sogenannte Separator, beschädigt, fließen Lithium-Ionen sehr rasch durch den Akku und führen zu vermehrten chemischen Reaktionen, wobei in sehr kurzer Zeit sehr viel Energie freigesetzt wird. Dies führt zu einer Kettenreaktion, dem sogenannten »thermal runaway«, da mit dem Anstieg der Temperatur der Separator mehr und mehr zerstört wird und die Reaktion immer schneller abläuft. Bei diesem Vorgang können durchaus Temperaturen von über 1 000 °C entstehen, die sowohl das in den Zellen enthaltene brennbare, zum Teil giftige Elektrolytgemisch sowie das enthaltene Elektrodenmaterial, vor allem das Lithium und Graphit, entzünden können. Neben einer starken Rauchentwicklung und dem eventuellen Freisetzen von Fluorwasserstoff (Flusssäure), Phosphorsäure sowie Schwermetalle in Form von Nickel- und Cobaltoxiden kann die Brandentwicklung von ruhig bis explosionsartig verlaufen. Trotz der Verwendung eines Alkalimetalls (Brandklasse D) in den Bauteilen sowie dem Füllen mit dem brennbaren Elektrolytgemisch (Brandklasse B), wird als Löschmittel Wasser empfohlen, wobei entsprechende Vorsichtmaßnahmen beachtet werden müssen (siehe Kapitel 8.1.1).

2.3 Weiterführende Informationen

So sehr sich die im vorangegangenen Abschnitt angeführten brennbaren Stoffe in ihren materiellen Eigenschaften unterscheiden, so besteht dennoch ein Zusammenhang zwischen festen, flüssigen und gasförmigen Stoffen. Schließlich gibt es genügend Substanzen, die von der Feuerwehr in verschiedenen Zustandsformen im Einsatz angetroffen werden können. Den Fachbegriff für die verschiedenen Zustandsformen nennt man Aggregatszustände. Anhand der Übergänge der verschiedenen Zustände kann man auch einige für die Feuerwehr relevanten Kennzahlen bzw. Begrifflichkeiten erklären.

Jeder Stoff hat eine von Temperatur und Druck abhängige Zustandsform, deren Übergänge wie folgt bezeichnet werden:

- Übergang vom festen in den flüssigen Zustand: Schmelzen – die Umkehrung nennt man Gefrieren oder Erstarren.
- Übergang vom flüssigen in den gasförmigen Zustand: Verdampfen oder Verdunsten – die Umkehrung nennt man Kondensieren.
- Übergang vom festen in den gasförmigen Zustand: Sublimieren – die Umkehrung nennt man Resublimieren.

Ein Kennzeichen beim Wechsel der Aggregatszustände ist, dass Energie benötigt wird oder freigesetzt wird, damit die Übergänge erfolgen können. Bei den Übergängen von fest über flüssig nach gasförmig muss Energie zugeführt werden, in der umgekehrten Reihenfolge wird Energie freigesetzt. Vor allem der notwendige Energiebedarf beim Verdampfen von Wasser ist eine wichtige Eigenschaft in der kühlenden Löschwirkung dieses Stoffes (siehe Kapitel 8.1)

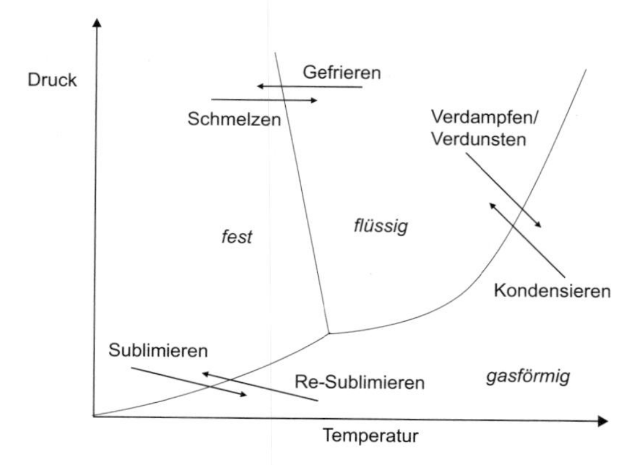

Bild 11: ***Symbolische Darstellung eines Zustandsdiagramms (Phasendiagramms) mit den drei Aggregatszuständen fest/flüssig/gasförmig. Die Linie zwischen den Aggregatszuständen fest-flüssig wird als Schmelzkurve bezeichnet, die Linie zwischen den Aggregatszuständen flüssig-gasförmig als Siedepunktkurve (stoffabhängig auch als Dampfdruckkurve) und die Line zwischen den Aggregatszuständen fest-gasförmig als Sublimationskurve. (Quelle: Roy Bergdoll)***

Übergang fest – flüssig

Beim Übergang vom festen in den flüssigen Zustand ist die **Schmelztemperatur**, auch Schmelzpunkt genannt, eine für die Feuerwehr relevante Größe. Bei Bränden bestimmt die bei dem Brandereignis entstehende Temperatur, ob die Schmelztemperatur beteiligter Stoffe erreicht wurden und somit beispielsweise die Standsicherheit von Gebäuden gefährdet ist oder es durch Verflüssigung zu einer Brandausbreitung kommen kann, wenn niedrig schmelzende Stoffe beteiligt sind. Umgekehrt kann es bei flüssig transportierten Gefahrstoffen durchaus vorkommen, dass es im Havariefall bei erhitzt transportierten Stoffen oder bei relativ niedrigen Außentemperaturen zum Erstarren auslaufender Flüssigkeiten kommen kann. Das Erreichen dieser Temperatur nennt man dann **Gefriertemperatur** oder Gefrierpunkt. Andere Bezeichnungen hierfür sind **Erstarrungspunkt** oder **Festpunkt**.

Übergang flüssig – gasförmig

Für die Erläuterung der Kennzahlen und Begrifflichkeiten beim Übergang vom festen in den gasförmigen Zustand und umgekehrt muss man etwas weiter ausholen, da hier Temperatur und vor allem der Luftdruck bzw. der Druck in einem Behälter wesentlich mehr Einfluss auf die Zustandsänderung haben als bei festen Stoffen. Egal welche Flüssigkeit man betrachtet, es gehen selbst bei niedrigen Temperaturen und hohen Umgebungsdrücken (Molekül-)Teilchen aus der Flüssigkeit in die Gasphase über. Man spricht hier vom sogenannten **Dampfdruck** der Flüssigkeit. Man muss sich vor Augen halten, dass hier Temperatur und Druck gegenläufige Einflüsse haben. Je höher die Temperatur, desto mehr Flüssigkeitsteilchen gehen in die Gasphase über. Wasser dampft beim Erhitzen schon vor Erreichen der 100 °C merklich aus. Ausgelaufenes Benzin ist im Sommer wesentlich schneller von einer Oberfläche verschwunden als im Winter. Dies wird beschleunigt, wenn der Umgebungsdruck zudem noch niedrig ist. Den Einfluss des Druckes kennt jeder, der schon einmal in den Hochalpen Wasser gekocht hat. Der Luftdruck ist geringer (es drückt weniger »Gewicht« der darüberliegenden Luftschichten nach unten), das Wasser kocht schneller. Auf dem Mount Everest kocht Wasser schon bei etwa 70 °C, ein Ei hier hartzukochen ist somit unmöglich. Auch ein Schulexperiment kann hier den Zusammenhang verdeutlichen: Füllt man Wasser in ein Gefäß, aus dem man die Luft herausziehen kann, so wird man feststellen, dass ab einem bestimmten Punkt ein so niedriger Druck erreicht ist, dass Wasser bei Raumtemperatur »kocht«.

Da reine Zahlenwerte für die Feuerwehr meist geringen Nutzen haben, versucht man Relationen zu einem bestimmten Stoff herzustellen. Zur Verdeutlichung des Dampfdrucks wurde nach DIN 53170 der vielen bekannte (Diethyl-)Ether als Bezugsstoff festgelegt und die **Verdunstungszahl** definiert. Diethylether hat demnach die Verdunstungszahl 1. Ist die Verdunstungszahl eines Stoffes größer 1, so verdunstet der Stoff langsamer, man spricht von einer geringeren Flüchtigkeit als Diethylether. Eine Verdunstungszahl kleiner 1 bedeutet schnelleres Verdunsten, also eine relativ hohe Flüchtigkeit.

Solange kein Behältnis den Austritt der Flüssigkeitsteilchen beschränkt, geht das Verdampfen solange weiter, bis die Flüssigkeit verschwunden ist. In einem Behälter (Kesselwagen, Tankzug, Fass) stellt sich bei gleichbleibender Temperatur irgendwann eine Sättigung des gasförmigen Raums des Behälters mit Stoffteilchen ein, das Verdampfen kommt quasi zum Stillstand, der sogenannte **Sättigungsdampfdruck** ist erreicht. Wird die Temperatur erhöht, steigt auch der Sättigungsdampfdruck. So kann es zum Beispiel in den Sommermonaten vorkommen, dass bei hohen Außentemperaturen der Sättigungsdampfdruck in einem Kesselwagen oder Tankzug so groß wird, dass der zulässige Betriebsdruck überschritten wird und das Sicherheitsventil anspricht.

Diejenige Temperatur einer Flüssigkeit, bei welcher der Sättigungsdampfdruck dem definierten Normaldruck von 1 013 mbar (Luftdruck auf Meereshöhe) entspricht, nennt man **Siedetemperatur**, in Feuerwehrkreisen meist auch Siedepunkt genannt. Die Temperatur, bei der bei einem Druck von 1 013 mbar Dampf in die Flüssigphase übergeht, nennt man **Taupunkt**.

Bei brennbaren Flüssigkeiten gilt es jedoch noch ein paar weiter Begrifflichkeiten bzw. sicherheitstechnische Kennzahlen zu erläutern, sinnvollerweise auf der Temperaturskala von niedrigen Temperaturen zu hohen Temperaturen. Die erste relevante Kennzahl hierzu ist der **Flammpunkt**. Es handelt sich hierbei um die Temperatur, bei der sich Dämpfe in einer so hohen Konzentration über der Flüssigkeit entwickeln, dass sich das Dampf-Luftgemisch bei Kontakt mit einer Zündquelle entzündet. Der Dampfdruck der Flüssigkeit ist am Flammpunkt so groß, dass es zwar zu einer Entzündung kommt, er ist aber so gering, dass nicht genügend weiterer Dampf entsteht, damit es selbstständig weiterbrennt. Entfernt man die Zündquelle, geht die Flamme wieder aus.

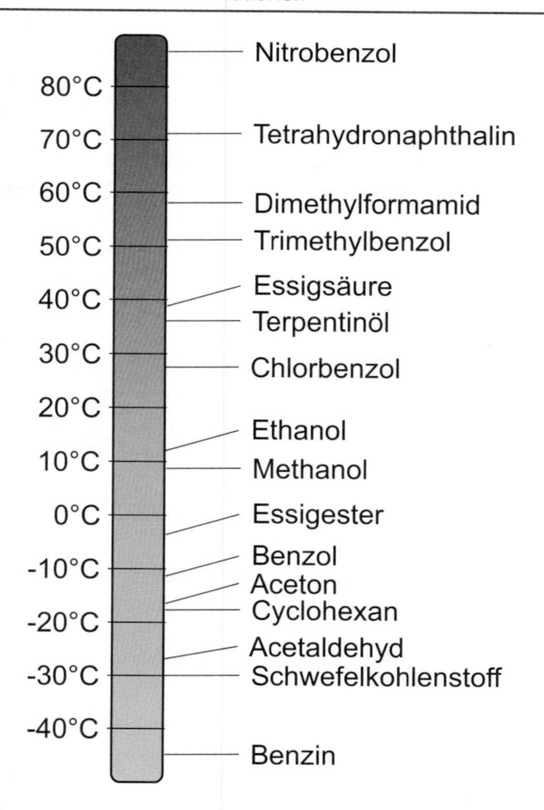

Bild 12: ***Darstellung unterschiedlicher Flammpunkte in einer nach oben und unten offenen Flammpunktskala (Quelle: Roy Bergdoll)***

Ab einer bestimmten Temperatur entwickelt sich über der Flüssigkeit jedoch so viel Dampf, dass sich das Dampf-Luftgemisch beim Kontakt mit einer Zündquelle entzündet und von selbst weiterbrennt. Diesen Temperaturbereich nennt man **Brennpunkt**. Hält man die Zündquelle am Flammpunkt weiter über die Flüssigkeit, so ist bei vielen brennbaren Flüssigkeiten relativ schnelle der Brennpunkt erreicht. Tabelle 1 zeigt auf, wie nahe zum Teil Flamm- und Brennpunkt beieinanderliegen, so dass eine Unterscheidung von beiden im Feuerwehreinsatz keine wesentliche Rolle spielt.

Merke:

Je niedriger der Flammpunkt ist, umso geringer ist auch die Differenz zwischen Flamm- und Brennpunkt.

Tabelle 1: ***Beispiele für Flammpunkte und Brennpunkte einiger brennbarer Flüssigkeiten***

	Flammpunkt [°C]	Brennpunkt [°C]
Benzol	-11	-9
Schmieröl	148	190
Schwefelkohlenstoff	-30	-29
n-Butanol	29	33
Toluol	6	18
Aminobenzol	76	81

Oberhalb von Flamm- und Brennpunkt liegt der bereits erwähnte Siedepunkt bzw. die Siedetemperatur. Oberhalb der Siedetemperatur folgen bei brennbaren Flüssigkeiten und Gasen, aber auch bei brennbaren festen Stoffen, Zündtemperatur, Mindestverbrennungstemperatur und Brandtemperatur. Die drei letztgenannten Begriffe werden im Kapitel 4 »Voraussetzung Zündenergie« näher erläutert.

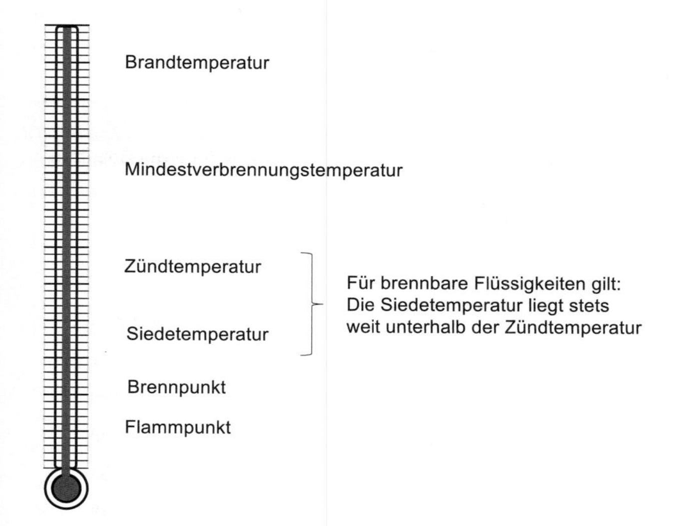

Bild 13: ***Nicht maßstabgetreue Darstellung der relativen Lage der für die Verbrennung wichtigsten Temperaturpunkte. Die Reihenfolge ist bei jedem brennbaren Stoff gleich. (Quelle: Roy Bergdoll)***

Übergang fest – gasförmig

In der Regel gehen feste Stoffe beim Erhitzen erst in den flüssigen Zustand über, bevor sie gasförmig werden. Es gibt jedoch Stoffausnahmen, die bei bestimmten Druck- und Temperaturbedingungen direkt vom festen in den flüssigen Zustand übergehen. Stoffspezifisch spricht man dann von Sublimationsdruck und Sublimationstemperatur, beziehungsweise zusammengenommen vom **Sublimationspunkt**. Die chemischen Elemente Arsen, Bor und reiner Kohlenstoff oder der aus Kampferbäumen gewonnene farblose Feststoff Campher sind eventuell bekannte Beispiele für Stoffe, die als fester Stoff gasförmige Teilchen direkt an die Umgebung abgegeben. Auch das Element Iod sublimiert beim Erwärmen bis zu seinem Schmelzpunkt von 113,7 °C und bildet ein violettes Gas aus.

Dass die feste Form des Löschmittels Kohlenstoffdioxid, das -78,5 °C kalte Trockeneis, ein Stoff ist, der sublimiert, ist in Feuerwehrkreisen weitestgehend bekannt. Der Name Trockeneis resultiert unmittelbar aus dem Sublimationsvorgang, da sich beim Erwärmen keine Flüssigphase bildet wie bei Wassereis. Weniger verbreitet ist aber die Kenntnis, dass auch Wasser sublimieren kann, obwohl dieser Vorgang, wohlgemerkt vor allem in Zeiten vor Wäschetrocknern, im Winter häufig zur Anwendung kam. Ist die Luft in der kalten Jahreszeit ausreichend trocken und kalt, so friert nasse Wäsche und aus der Eisphase geht Wasserdampf direkt in die Atmosphäre über. Das Trockenen von feuchter Wäsche bei Frost funktioniert sogar besser als im Inneren von Häusern, in denen die Raumluft schon einen bestimmten Wasserdampfgehalt aufweist.

Der Vorgang der Resublimation ist im Feuerwehrwesen nicht relevant, kann aber im alltäglichen Leben beobachtet werden. Wasserdampf bildet im Winter direkt Eisblumen an den Fenstern oder Raureif. Auch das Vereisen des Gefrierfachs eines Kühlschrankes ist im Grunde ein Resublimationsvorgang – Wasserdampf gefriert an den kalten Wänden sofort zu festem Eis. Abschließend sei der Vollständigkeit halber noch erwähnt, dass der Vorgang der Sublimation nicht mit der sogenannten Dissoziation verwechselt werden sollte. Bei einer Dissoziation handelt es sich, vereinfacht gesagt, um den Zerfall eines Stoffes bei Erwärmung. So zerfällt das feste Ammoniumchlorid bei Erhitzen in die gasförmigen Stoffe Ammoniak und Chlorwasserstoff. Ein weiterer Dissoziationsvorgang, nämlich der Zersetzung von Wasser in seine Bestandteile Wasserstoff und Sauerstoff wird im Kapitel 8.1.2 erläutert.

Tabelle 2: ***Beispiele für Schmelz- und Siedetemperaturen fester Stoffe – wie auch Flüssigkeiten bilden feste Stoffe oberhalb ihrer Siedetemperaturen Dämpfe aus. Im festen Zustand ist der Dampfdruck dieser Stoffe so gering, dass quasi keine Stoffteilchen an die Umgebung abgegeben werden.***

	Schmelztemperatur [°C]	Siedetemperatur [°C]
Aluminium	600	2 467
Asphalt	> 90	> 370
Bernstein	ca. 300	Zersetzung
Blei	327	1 740
Bronze	900	2 300
Bor	2 075	ca. 4 000

Tabelle 2: ***Beispiele für Schmelz- und Siedetemperaturen fester Stoffe – Fortsetzung***

	Schmelztemperatur [°C]	Siedetemperatur [°C]
Diamant	3 540	ca. 4 000
Eis	0	100
Eisen	1 535	2 861
Fette	30 bis 175	ca. 300
Gips	1 450	Zersetzung
Gold	1 630	2 808
Graphit	3 750 (Sublimation)	-
Gusseisen	ca. 1 200	2 500
Iod Iod ist flüchtig und besitzt bei 25°C einen Dampfdruck 0,41 hPa	113	184
Kochsalz	80	1 461
Kupfer	1 083	2 595
Lithium	180	1 342
Magnesium Zündtemp. >450 °C	651	1 107
Marmor	ca. 950	Zersetzung
Natrium Zündtemp. >150 °C	98	881

Tabelle 2: ***Beispiele für Schmelz- und Siedetemperaturen fester Stoffe – Fortsetzung***

	Schmelztemperatur [°C]	**Siedetemperatur [°C]**
Phosphor rot Zündtemp. 260 °C	585	ab 416 Sublimation
Phosphor weiß Flammp. 30 °C, Zündtemp. 34 °C	44,2	281
Rindertalg	ca. 45	ca. 350
Schwefel Flammp. 160 °C, Zündtemp. 235 °C	106/115 (je nach Modifikation)	444
Silizium	1 420	2 600

Tabelle 3: ***Beispiele für Schmelz- und Siedetemperaturen sowie Dampfdruck und Verdunstungszahl von brennbaren Flüssigkeiten***

	Schmelztemperatur [°C]	**Siedetemperatur [°C]**	**Dampfdruck bei 20 °C [hPa]**	**Verdunstungszahl**
1,2-Dichlorethan	-36	84	86,9	4,1
Aceton	-95	56	246	2,1
Ameisensäure	8	101	44,6	

Tabelle 3: ***Beispiele für Schmelz- und Siedetemperaturen sowie Dampfdruck und Verdunstungszahl von brennbaren Flüssigkeiten – Fortsetzung***

	Schmelz-temperatur [°C]	Siede-temperatur [°C]	Dampf-druck bei 20 °C [hPa]	Verduns-tungszahl
Benzin	ca. -93	zw. 30 und 215	700 (50°)	
Benzol	6	80	100	3
Butanol	-89	118	6,67	33
Butanon	-86	80	105	6
Chlorbenzol	-45	132	11,7	12,5
Dichlormethan	-97	40	470	1,8
Diesel	-40 bis 6	141 bis 462	4 (40°)	
Diethylether	-116	35	586	1
Essigsäure	17	118	15,8	
Ethylacetat (Essigester)	-83	77	98,4	2,9
Ethanol	-114	78	58	8,3
Ethylenglykol	-16	197	0,07	600
Methanol	-98	65	129	6,3
Schwefelkohlenstoff	-112	46	395	1,8

Tabelle 3: ***Beispiele für Schmelz- und Siedetemperaturen sowie Dampfdruck und Verdunstungszahl von brennbaren Flüssigkeiten – Fortsetzung***

	Schmelz-temperatur [°C]	Siede-temperatur [°C]	Dampf-druck bei 20 °C [hPa]	Verduns-tungszahl
Toluol	-95	111	29,1	6,1
Trichlormethan	-63	61	209	2,5

Tabelle 4: ***Beispiele für Schmelz- und Siedetemperaturen gasförmiger Stoffe***

	Schmelztemperatur [°C]	Siedetemperatur [°C]
Ammoniak	-78	-33
Acetylen	-80	kein Siedepunkt bei Normaldruck
1,3-Butadien	-109	-4,5
Ethan	-183	-88
Ethylen	-169	-104
Ethylenoxid	-113	10,5
Formaldehyd	-117	-19
Kohlenstoffmonoxid	-205	-192
Methan	-182	-161

Tabelle 4: ***Beispiele für Schmelz- und Siedetemperaturen gasförmiger Stoffe – Fortsetzung***

	Schmelztemperatur [°C]	Siedetemperatur [°C]
n-Butan	-138	-0,5
Propan	-188	-42
Propylen	-185	-48
Schwefelwasserstoff	-86	-60
Wasserstoff	-259	-253
Chlor	-101	-34
Kohlenstoffdioxid	Sublimiert direkt bei -78,5	
Sauerstoff	-219	-183
Schwefeldioxid	-76	-10
Stickstoff	-210	-196

3 Voraussetzung »Sauerstoff«

3.1 Allgemeine Grundlagen

»Kein Verbrennen ohne Sauerstoff!« – so oder ähnlich könnte man, wohlgemerkt für die Einsätze der Feuerwehr, das notwendige Vorhandensein von Sauerstoff als fundamentale Vorbedingung für den Verbrennungsvorgang beschreiben. Dass es dabei Ausnahmen gibt, wird in Kapitel 3.2 beschrieben.

Sauerstoff als Oxidationsträger kommt in der Regel mit einem Volumenanteil von 21 % in der Luft vor. Damit eine Verbrennung überhaupt aufrechterhalten werden kann, ist in den meisten Fällen eine Mindestsauerstoffkonzentration von 15 bis 17 Volumen-Prozent (15 Vol.-% bis 17 Vol.-%) notwendig. Es gibt aber auch Ausnahmen: So brennt Flüssiggas (ein Propan-Butan-Gemisch) noch bei einer Sauerstoffkonzentration von 10 Vol.-%, der Trinkalkohol Ethanol brennt so lange, bis die Sauerstoffkonzentration 10,5 Vol.-% unterschreitet und Wasserstoff reagiert sogar noch mit Sauerstoff, wenn dieser nur mit einer Konzentration von 5 Vol.-% vorliegt. Wie bereits im Kapitel 2 angeführt, kann die Verbindung von Sauerstoff mit anderen Stoffen, die sogenannte Oxidation, zum einen sehr langsam erfolgen: Beispiele hierfür sind das Rosten von Eisen oder das Passivieren einiger Leichtmetalle und auch Gärprozesse oder Verwesungs- bzw. Vermoderungsprozesse sind hier anzuführen. Ebenso ist der sauerstoffverbrauchende Prozess der Nahrungsverbrennung zur Aufrechterhaltung der Körpertemperatur und der Lebensvorgänge von Organismen in der

Natur der langsamen Oxidation zuzurechnen. Diese langsame Oxidation bezeichnet man auch als »kalte Oxidation«, »stille Verbrennung« oder auch »Autoxidation«.

Wesentlich relevanter und der eigentliche Grund für Brandeinsätze der Feuerwehr sind rasche Oxidationserscheinungen mit Feuerschein und Wärmeabgabe. Diese Verbrennungsvorgänge können für Feuerwehren recht gut beherrschbar sein, wenn sie »statisch«, also über einen längeren Zeitraum mit konstanter Wärmeabgabe, erfolgen, zum Beispiel Brände von Heuballen auf einem Feld oder das kontrollierte Anlegen eines Gegenfeuers bei Wald- und Flächenbränden. Dies sind aber Ausnahmen, denn in der Regel sind Brandeinsätze dynamisch, denn durch die Fortschreitung der Oxidation wird immer mehr Energie frei, die zu einer Brandausweitung führt. Selbst ohne vorausgehenden Brand können Oxidationsvorgänge so viel Energie freisetzen, dass es zur Selbstentzündung von Stoffen kommen kann. So kann sich beispielsweise bei dem zuerst langsam verlaufenden Gärprozess in einem Heustock so viel Energie anstauen, dass sich letztendlich der Heustock entzündet (siehe auch Kapitel 4 »Voraussetzung Zündenergie«). Unter bestimmten Bedingungen, wenn zum Beispiel Leichtmetalle wie Aluminium in feinstverteilter Pulverform vorliegen oder Alkalimetalle wie Cäsium direkt dem Luftsauerstoff ausgesetzt werden, kann es sogar zu explosionsartigen Oxidationsvorgängen kommen. Besonders kritisch wird für Feuerwehren der Einsatz, wenn Sauerstoffkonzentrationen über den rund 21 Vol.-% Sauerstoff in der Luft liegen, was durchaus vorkommen kann. Beispielsweise:

- bei Einsätzen in Schwimmbädern oder Wasseraufbereitungsanlagen, in denen mit Ozon (Erläuterung zum Ozon siehe weiterführende Informationen) gearbeitet wird,
- bei Einsätzen in Kliniken, Wohnheimen oder Wohnungen, in denen Patienten mit reinem Sauerstoff beatmet werden,
- bei Einsätzen in Industrieobjekten, in denen Bleichvorgänge mit Sauerstoff vorgenommen werden, z. B. bei der Papierherstellung,
- oder bei Einsätzen in Betriebsanlagen, in denen mit Stoffen gearbeitet wird, die aufgrund ihrer chemischen Struktur Sauerstoff freisetzen können.

Im Vorgriff auf das Kapitel 6 »Brandverläufe am Beispiel eines Zimmerbrandes« sei hier auch auf das mögliche explosionsartige Entflammen eines mit Sauerstoff unterversorgten Brandraums hingewiesen, sobald ein Fenster platzt oder eine Tür zum Brandraum geöffnet wird und es zu einer schlagartigen Erhöhung der Sauerstoffkonzentration kommt. Erhöhte Sauerstoffkonzentrationen können zu außerordentlich heftigen Verbrennungsreaktionen führen, selbst schwer entflammbare Stoffe können dadurch in Brand gesetzt werden. Wirft man beispielsweise eine glimmende Zigarette oder ein Holzspan in ein mit Sauerstoff gefülltes Gefäß, so verbrennen beide augenblicklich, die Zigarette sogar in einer hellweißen Flamme. Die Steigerung von Verbrennungsgeschwindigkeit und Brandtemperatur aufgrund der Erhöhung der Sauerstoffkonzentration wird u. a. beim Vorgang des Autogenschweißens technisch genutzt. Und nicht umsonst ist das Ausblasen von

Kleidung mit Druckluft oder gar reinem Sauerstoff verboten. Durch das Ausblasen reichert sich in der Gewebestruktur Sauerstoff an und bei einer ausreichend hohen Sauerstoffkonzentration genügen schon ein Funke, Glutreste oder eine kleine Flamme, um die Kleidung zu entzünden. Stark ölverschmutzte Kleidung kann sich nach dem Ausblasen unter bestimmten Bedingungen sogar selbst entzünden. Schwerste Brandverletzungen sind die Folge. Auch das verbotene, aber versehentliche Fetten von Gewindeanschlüssen bei Sauerstoffflaschen kann zu einem Brand führen. Die Oxidationsvorgänge zwischen reinem Sauerstoff und dem Fett setzen so viel Energie frei, dass sich das Fett entzündet.

Ein Beispiel für eine außerordentlich heftige Verbrennung infolge der Sauerstofferhöhung durch Luftsauerstoff sind die sogenannten »Feuerstürme«. Als Feuersturm bezeichnet man den entstehenden Kamin- bzw. Sogeffekt bei großen Bränden. Hierbei steigen aufgrund der starken Hitzeentwicklung die heißen Brandgase auf, Frischluft wird nachgezogen und das Feuer wird weiter angefacht. Der Effekt eines Feuersturms kann bei großen Wald- und Flächenbränden entstehen und bei den Flächenbombardements im Zweiten Weltkrieg mit Spreng- und Brandbomben entwickelten sich über Städten und Stadtvierteln Feuerstürme.

Bild 14: ***Arbeiten mit einer Sauerstofflanze, das Verbrennen des Metallbrennstoffes des Lanzenrohres in nahezu reiner Sauerstoffatmosphäre führt zu Temperaturen von bis zu 5 530 °C.***

3.2 Weiterführende Informationen

Wie bereits angeführt, kommt Sauerstoff (O_2) in freiem Zustand in der Natur mit einem Volumenanteil von 21 % (genau 20,95 Vol.-%) in der Luft vor. In gebundenem Zustand kommt Sauerstoff vor allem in Wasser und weiter in Form von Oxiden in der Erdrinde vor. Sauerstoff ist somit das weitverbreitetste

Element. Bei gewöhnlichen Temperaturen und unter normalem Luftdruck ist es ein farb-, geruch- und geschmackloses Gas, das selbst nicht brennt. Unter einer Temperatur von -182,97 °C verflüssigt sich Sauerstoff.

Außer in seiner normalen Form als O_2-Molekül existiert Sauerstoff in der energiereicheren Form mit drei Sauerstoffmolekülen, dem Ozon (O_3). Reines Ozon ist sehr giftig, zeigt im Gaszustand eine deutliche Blaufärbung und hat einen typischen Geruch, der bereits ab einer Konzentration von 2 ppm in Luft wahrnehmbar ist. Die Farbe des Ozons bedingt den blauen Abendhimmel, die Farbe des Sauerstoffes ist, unter anderem aufgrund der Schichtdicke der Luft, verantwortlich für den blauen Taghimmel.

Gasförmiger Sauerstoff ist in seinem Normalzustand sehr reaktionsträge, andernfalls wäre der frei verfügbare Luftsauerstoff schnell abreagiert. Verbrennungsreaktionen mit gasförmigem Sauerstoff verlaufen im Allgemeinen erst bei höheren Temperaturen mit ausreichender Geschwindigkeit und müssen infolgedessen durch Zündung in Gang gebracht oder durch Katalysatoren beschleunigt werden. Wie bereits mehrfach erläutert, verbindet Sauerstoff sich unter bestimmten Bedingungen mit anderen Elementen und Stoffen zu sogenannten Oxiden, der Vorgang wird als Oxidation bezeichnet. Wie bereits angemerkt, unterscheidet man zwischen kalten bzw. langsam verlaufenden Oxidationsvorgängen und rasch verlaufende Oxidationsvorgänge unter Freisetzung von Licht und Wärme, die in Feuerwehrkreisen dann auch als Brand oder Verbrennung bezeichnet werden. Ein weiterer Fachbegriff hierfür ist der der »exothermen Reaktion«.

Merke:

Bei der exothermen Reaktion wird mehr Energie freigesetzt als ursprünglich als Aktivierungsenergie zugefügt wurde.

Da es sich bei einer Oxidation chemisch betrachtet nicht nur um die Reaktion von Sauerstoff mit anderen Stoffen, sondern um die Abgabe von Elektronen handelt, die von anderen Teilchen aufgenommen werden (diese Elektronenaufnahme wird als Reduktion bezeichnet), können auch andere Stoffe eine Oxidation mit Verbrennungserscheinung hervorrufen. Beispiele hierfür sind die Reaktion von erwärmtem Natrium mit Chlor unter kompletter Abwesenheit von Sauerstoff. Auch Wasserstoff, Schwefel oder eine Kerze verbrennen in einer reinen Chloratmosphäre. Neben dem elementar vorkommenden Sauerstoff in Luft oder Gasflaschen gibt es noch eine ganze Reihe von Verbindungen, die den in ihnen gebundenen Sauerstoff abgeben und somit die Verbrennung fördern bzw. unterhalten können. Solche Verbindungen werden als Oxidationsmittel bezeichnet und gelten weithin als brandfördernd. Zu ihnen gehören folgende Molekülgruppen:

- Peroxide – z. B. das als Bleichmittel verwendete Wasserstoffperoxid (H_2O_2),
- Nitrate – z. B. die als Grundstoff für Sprengmittel, verwendete Salpetersäure (HNO_3) oder Ammoniumnitrat (NH_4NO_3),
- Chlorate – z. B. das in Zündhölzer und als Grundstoff für Sprengstoffe verendete Kaliumchlorat ($KClO_3$),

- Permanganate – z. B. das in Desinfektionsmitteln verwendete Kaliumpermanganat ($KMnO_4$),
- Chromate – z. B. das in der Pyrotechnik oder zur Herstellung von Holzschutzmittel verwendete Ammoniumdichromat ($(NH_4)_2Cr_2O_7$).

Bild 15: ***Kennzeichnung von oxidierenden bzw. brandfördernden Stoffen nach der Gefahrstoffverordnung (GefStoffV) und der GHS-Verordnung (Quelle: Roy Bergdoll)***

4 Voraussetzung Zündenergie

4.1 Allgemeine Grundlagen

Selbst wenn ausreichend brennbarer Stoff sowie Sauerstoff vorliegen, fehlt eine wichtige Voraussetzung, damit eine Verbrennung überhaupt beginnen kann – Energie! Und zwar genügend Energie in Form einer ausreichenden Temperaturerhöhung. Wie hoch diese Temperatur sein muss, damit eine Verbrennung überhaupt zustande kommt, ist bei jedem Stoff unterschiedlich und hängt von dessen Verteilungsgrad (siehe auch Kapitel 5 »Voraussetzung Mengenverhältnis«) und seinem Aggregatszustand ab (siehe auch Kapitel 2 »Voraussetzung Brennbarer Stoff«). Man spricht hierbei von der **Zündtemperatur** (Mindestzündtemperatur, Entzündungstemperatur, fälschlicherweise auch als Zündpunkt). Sie ist eine sicherheitstechnische Kenngröße und nach DIN 51794:2003-05 (EN 14522) als die Temperatur definiert, die eine erhitzte Kontaktoberfläche benötigt oder auf die man einen brennbaren Stoff erhitzen muss, damit sich dieser brennbare Stoff, egal ob fest, flüssig, gasförmig oder als Nebel, in Gegenwart von Sauerstoff ohne Zündquelle selbst entzündet. Somit stellt die Zündtemperatur quasi ein Maß für die Oxidationsempfindlichkeit oder die Selbstentzündlichkeit eines brennbaren Stoffes dar. Nähere Erläuterungen zu dem recht komplexen Vorgang des Entzündens eines brennbaren Stoffes sind im Abschnitt 4.2 »weiterführende Informationen« angeführt.

4.1.1 Selbstentzündung

Einige brennbare Stoffe können aufgrund biologischer Aufbereitung (z. B. Verwesung) oder chemischer Aufbereitung (z. B. direkte Oxidation, siehe auch Kapitel 2 »Voraussetzung Brennbarer Stoffe, Brandklasse D«) bei einer ausreichenden, aber nicht zu starken Durchlüftung von selbst in Brand geraten. Eine derartige Entzündung ohne Energiezufuhr von außen wird als Selbstentzündung bezeichnet. In der Regel steht dem Vorgang der Selbstentzündung eine Art Induktionsphase voran: Die oben angeführten Aufbereitungen führen zu einer Wärmeentwicklung, die ohne ausreichende Wärmeabfuhr eine Temperaturerhöhung bewirken, es kommt zum sogenannten **Wärmestau**. Durch die wärmestaubedingte Temperaturerhöhung werden die Aufbereitungsprozesse verstärkt, was eine weitere Temperaturerhöhung zur Folge hat. Somit schaukelt sich das System immer weiter hoch, bis letztendlich die Zündtemperatur erreicht ist und es zu einem Brand kommt. Die Zeit bis zur Selbstentzündung kann innerhalb von Sekunden stattfinden (pyrophores Eisen, weißer Phosphor), aber auch Tage (Heustock, Holzhackschnitzel) oder Wochen (Kohlehalden, Müllhalden) betragen.

Für die Feuerwehr sind Selbstentzündungsvorgänge dann relevant, wenn beispielsweise industrielle oder landwirtschaftliche Produktions-, Trocknungs- oder Lagerprozesse im Einsatzgebiet zur Anwendung kommen oder entsprechende Stoffe transportiert werden. Die Selbstentzündung eines Heustockes oder von feucht eingelagertem Futtermittel ist hinreichend bekannt. Ebenso die Selbstentzündung von Holzhackschnitzeln in Silotürmen oder von Holzpellets in Kellern mit entsprechenden Heizungsanlagen. Auch kann es zur Selbstentzündung von großen Komposthaufen in Biomassenkraftwerken und Kompostieranlagen kommen oder von Müllhalden mit Hausmüll oder Kunststoffrecyclingmaterial in Deponien und Müllverbrennungsanlagen. Bestimmte thermische Herstellungsprozesse von Nahrungsmitteln, beispielsweise im Bereich der Röstung und Trocknung, werden teilweise knapp unterhalb der Zündtemperatur der verwendeten Grundstoffe durchgeführt. Kommt es zu einem Produktionsfehler, der zu einer unkontrollierten Temperaturerhöhung führt, ist ein Brand vorprogrammiert.

In Regionen mit Steinkohlebergbau kam es teilwiese im Untertagebau zu Bränden von Kohleflözen, wenn Luft aufgrund der Bewetterung in neu geöffneten Stollen gelangte und eine spontane Selbstentzündung hervorrief. Häufig entstanden die Brände unter Tage auch in einem sogenannten »Alten Mann«, in dem sich noch Restkohle befand. Kohlebrände können aber auch bei dem Transport oder bei der Lagerung von Kohle und Koks entstehen. In Kohlekraftwerken oder in der stahlverarbeitenden Industrie können sich Kohle- oder Kokshalden selbst entzünden, auch beim Transport dieser Stoffe in Eisenbahnwagen oder Schiffen kam es schon zu Bränden. Die Verbrennungstemperaturen können sich hierbei erheblich unterscheiden. Schwelbrände von Kohle unter Sauerstoffmangel erreichen eine Temperatur bis ungefähr 500 °C, Glimmbrände erreichen etwa 1 000 °C und eine vollständige Verbrennung in Form eines Flammenbrandes bis 2 100 °C.

Auch liest man immer mal wieder von Feuerwehreinsätzen in Verbindung mit leinölgetränkten Lappen, die sich aufgrund falscher Lagerung oder Entsorgung selbst entzündet hatten und zum Abbrand ganzer Werkstattgebäude geführt haben.

Bild 16: ***Brand eines Siloturms nach der Selbstentzündung von Holzhackschnitzel***

Bild 17: ***Selbstentzündung von Kakaobohnen während des Röstvorgangs knapp unterhalb der Zündtemperatur***

Bild 18: ***Selbstentzündung von Hausmüll***

Aber auch Wäsche, die mit tierischen Fetten oder Pflanzenölen verunreinigt ist, kann sich unter bestimmten Voraussetzungen selbst entzünden. Dies sogar, wenn die Wäschestücke nach mangelnder oder unsachgemäßer Reinigung in Wäschetrocknern oder Wäschemangeln getrocknet werden. Die während der maschinellen Trocknung entstehenden Temperaturen von über 70 °C führen dann zur Selbstentzündung der Wäsche und zum Brand der Geräte.

4.1.2 Fremdzündung

Alle weiteren Entzündungsvorgänge, bei denen Energie von außen zugeführt wird, werden als Fremdzündungen bezeichnet. Für die Energiezufuhr werden sogenannte Zündquellen benötigt, die in verschiedenen Formen die Zündenergie auf den brennbaren Stoff übertragen können. Neben offenen Flammen, Funkenflug oder Glut als den klassischen Zündquellen sind hier weiter zu nennen:

Elektrisch erzeugte Funken durch

- Kurzschlüsse in defekte Leitungen, Steckdosen, Batterien, Akkumulatoren oder elektrischen Geräten;
- Öffnen und Schließen elektrischer Stromkreise in elektrischen Betriebsmitteln wie Motoren, Transformatoren, Schützspulen oder Elektromagneten in Form von Schaltlichtbogen, Abreißfunken oder Schaltfunken, so zum Beispiel auch die Funkenbildung zwischen Bahnoberleitungen und den Pathographen der Lokomotiven;
- Ausgleichsströme (auch Streu- oder Leckströme) in elektrisch leitfähigen Anlagen oder Anlagenteilen,

hierzu zählen auch Körper- oder Erdschlussströme bei Fehlern in elektrischen Anlagen oder Induktionsströme in der Nähe von elektrischen Anlagen mit großen Stromstärken oder hohen Frequenzen;

- Entladung statischer Elektrizität, die bei Arbeitsprozessen wie dem Trennen (z. B. Ablaufen von Folien über Walzen, Treibriemen), Reiben, Zersplittern, Zerreißen, dem Ausschütten von festen Stoffen oder beim Strömen von Flüssigkeiten beziehungsweise von aerosolbeladenen Gasen auftreten. Auch Menschen können beim Gehen statisch aufgeladen werden, wenn sie isolierende Bekleidung oder Schuhwerk tragen;
- atmosphärische Entladungen in Form von Blitzen.

Bild 19: ***Kurzschluss in einer Steckerleiste***

Bild 20: ***Entzündung von Holzbalken nach Blitzeinschlag***

Mechanisch erzeugte Funken durch

- glühend abgetragen Späne bei Trenn- und Schleifarbeiten;
- Spritzer von flüssigem Metall bei Schweiß- und Brennschneidarbeiten;
- Reib-, Schlag- oder Abriebvorgänge, wobei die Energie der Schlagvorgänge bzw. Materialkombinationen von aneinander reibenden Teilen berücksichtigt werden muss. Besondere Vorsicht ist aufgrund von leichtem Funkenriss bei der Verwendung von Leicht-

metallen (Aluminium, Magnesium, Titan, Zirkonium etc.) oder bei der Kombination von Aluminium mit korrodierenden Stählen geboten. Dies vor allem dann, wenn ungeeigneten Werkzeuge und Hilfsmitteln wie Hammer, Schraubenschlüssel, Zangen oder Leitern zur Anwendung kommen. Auch Fremdkörper, die in sich bewegende Maschinenteile geraten sind, haben durch die gerissenen Funken schon öfters Brände verursacht.

Entzündung durch Aufnahme hoher Energiemengen (Energieabsorption) durch

- elektromagnetische Felder in Anlagen, die hochfrequente elektrische Energie erzeugen und benutzen (Mobilfunksender, Radaranlagen oder Hochfrequenzgeneratoren);
- bestimmte energiereiche elektromagnetische Strahlung wie gebündeltes Sonnenlicht, Laserstrahlen oder Blitzlichtquellen;
- ionisierende Strahlung zum Beispiel aus kurzwelligen UV-Strahlern, Röntgenröhren oder radioaktiven Stoffen;
- hochfrequente Ultraschallwellen;
- energiereiche Mikrowellen (die klassische Anwendung in Mikrowellenherden);
- Verdichten von Gasen und Dämpfen zum Beispiel durch Stoßwellen oder der sogenannten adiabatischen Kompression bei Pumpvorgängen (als Beispiel zur Erklärung der adiabatischen Kompression kann das Aufpumpen eines Fahrradreifens angeführt wer-

den – das schnelle und wiederholte Zusammendrücken der Luft erwärmt merklich die Luftpumpe und auch die bewegte Luft); der Zündvorgang durch die adiabatische Kompression in Form des Verdichtens eines Luft-Brennstoff-Gemisches bis zum Erreichen der Zündtemperatur wird im Kapitel 5 »Voraussetzung Mengenverhältnis« unter dem Begriff der Detonation näher beschrieben;
- unkontrolliert ablaufende chemische Reaktionen mit einer hohen Wärmeentwicklung, sogenannte exotherme Reaktionen.

4.1.3 Möglichkeiten der Wärmeübertragung

Für die Fremdzündung eines Stoffes muss aber nicht zwingend ein Funke vorhanden sein. Auch die reine Übertragung von Wärmeenergie von einem Stoff auf einen anderen kann zu dessen Entzündung führen. Diese **Wärmeübertragung** ist meist eine Kombination von **Wärmeleitung**, **Wärmeströmung** und **Wärmestrahlung**. Beispiele hierfür sind Brandentstehungen durch heiße Rohrleitungen, Plastikteile auf einer eingeschalteten Herdplatte, überhitzte Heizgeräte, zum Verdunkeln abgedeckte Zimmerlampen, nicht ausgeschaltete Kaffeemaschinen, unzureichend geschmierte sich bewegende Teile einer Maschine oder die Reibung einer festsitzenden Bremse.

Bild 21: ***Brandentstehung durch Wärmeleitung bei einem nicht sachgemäß installierten Ofenrohr***

Die **Wärmeleitung** (auch Wärmediffusion) definiert sich aufgrund physikalischer Gesetzmäßigkeiten als Form der Wärmeübertragung in einem festen, flüssigen oder gasförmigen Stoff zwischen unmittelbar benachbarten Teilchen und sie erfolgt immer von Orten höherer Temperatur zu Orten mit niedriger Temperatur. Vereinfacht gesagt: Wird einem Stoff Energie zugeführt, so erhitzt sich dieser und gibt in Folge seine Wärme auch an die direkte Umgebung weiter. Ohne die Wärmeleitung würde das Kochen auf einem Herd nicht funktionieren, wäre das Löten mit einem Lötkolben schwierig oder die Funktion der Kühlrippen in einem Kühler wirkungslos. Die Beispiele zeigen, dass Wärmeleitung zum einen zwischen zwei verschiedenen Stoffen erfolgen kann, man spricht hierbei vom **Wärmeübergang**. Zum anderen kann Wärme auch von einem Stoff durch einen zweiten hindurch in einen dritten Stoff übergehen. Dieser Vorgang wird **Wärmedurchgang** genannt. Beispiele hierfür ist der Wärmeverlust von geheizten Räumen, welche durch eine Glasscheibe an die Außenluft ihre Wärme abgeben oder das schmerzhafte Verbrennen beim Anfassen einer metallischen Schöpfkelle, wenn diese im Topf gelassen wird. Wie gut oder schlecht der Wärmeübergang bzw. Wärmedurchgang zwischen zwei Stoffen erfolgt, ist neben der Zeit und der Temperaturdifferenz beider Stoffe vor allem von deren materiellen Beschaffenheiten abhängig. Entsprechend ihrer Wärmeleitfähigkeit unterscheidet man zwischen guten und schlechten Wärmeleitern bis hin zu Wärmeisolatoren.

Praktischerweise steigt die Wärmleitfähigkeit eines Stoffes parallel zu dessen elektrischer Leitfähigkeit. Damit wird deutlich, dass Metalle die besten Wärmeleiter sind. Entsprechend ihrer elektrischen Leitfähigkeit steigt hier die Wärmeleitfähigkeit von Eisen bzw. Stahl über Aluminium, Gold und Kupfer bis hin zu Silber an.

Merke:

Je besser ein Material den Strom leitet, desto besser ist auch seine Wärmleitfähigkeit.

Die hohe Wärmeleitfähigkeit der Metalle muss im Feuerwehreinsatz zum Beispiel in Objekten, die in Stahlbauweise erstellt sind, besonders beachtet werden. Nicht nur die Möglichkeit eines Einsturzes aufgrund der Ausdehnung von Stahl und dem schlagartigen Strukturversagen bei zu hoher Erwärmung stellen Gefahren an der Einsatzstelle dar, auch die Ausbreitung des Brandes durch die Wärmeleitung ist möglich, vor allem, wenn Stahlträger mehrere Räume überspannen oder mit benachbarten Gebäuden verbunden sind. Auch Stromleitungen und metallische Rohrleitungen können zu einer Brandausweitung führen, vor allem wenn sie nicht fachgerecht verlegt wurden und zum Beispiel Schottungen zwischen Brandabschnitten fehlen oder nicht funktionieren. Kaminrohre aus Edelstahl lösen immer mehr gemauerte Kamine ab, was bei Bränden in den Rauchrohren zu einer wesentlich schnelleren und größeren Brandausweitung führen kann, da sich die Wärme über das Edelstahlrohr wesentlich besser ausbreiten kann. Gleiches gilt für Müllabwurfsysteme, die zum Beispiel nicht regelmäßig gewartet und gesäubert werden.

Nichtmetalle wie Glas, Baumwolle, Naturstein, Beton, Porzellan oder Holz sind schlechte Wärmeleiter.

Bild 22: ***Der bis ins Dachgeschoss ausgeglühte Müllabwurfschacht eines Hochhauses, der Brand entstand im 3. OG.***

Andernfalls könnte man ohne Handschuhe keinen Kaffee oder Tee aus einer Tasse trinken oder ein Streichholz nach dem Anzünden längere Zeit in der Hand halten. Ebenso sind Flüssigkeiten wie Wasser und Mineralölprodukte schlechte Wärmeleiter. Als Umkehrschluss muss man aber auch anmerken, dass Nichtmetalle im Gegensatz zu Metallen, wenn sie einmal heiß sind, die Wärme länger halten. Specksteinöfen oder Kachelöfen kühlen weniger schnell aus als ein Kaminofen aus Stahl. Garagenwände strahlen nach einem Brand noch wesentlich länger Wärme ab als das Garagentor aus Metall. Beton als schlechter Wärmeleiter schützt zum Beispiel bei Stahlbetonwänden und -decken den verbauten Stahl. Länger andauernde Wärmebeaufschlagungen führen jedoch ab etwa 500 °C zu Abplatzungen von Zement und Zuschlagstoffen und die innenliegenden Stahleinlagen werden freigelegt. Durch die jetzt mögliche Erwärmung des Stahls erfolgen weitere Abplatzungen und es kommt zu Festigkeitsverlusten, die zu Teil- oder Kompletteinstürzen führen können.

Ein Kühlen von Stahlbetonstrukturen sollte daher nicht außer Acht gelassen werden. In der Tunnelbrandbekämpfung ist dies beispielsweise als taktische Maßnahme vorgegeben: Neben der Bekämpfung des eigentlichen Brandherdes wird konsequent eine Kühlung der Tunnelstruktur vorgenommen, um die Wärmeleitung im bis dahin freigelegten Stahl zu verringern, noch bestehende Strukturen zu erhalten und Einstürze zu vermeiden. Dieses Vorgehen sollte auch bei Bränden unter Brücken oder in Hallen, in denen mit Spannbetonbauteilen große Spannweiten überbrückt oder große Lasten aufgenommen werden, umgesetzt werden.

Bild 23: ***Freigelegte Armierung einer Stahlbetondecke***

Bild 24: ***Bei Bränden unter Brückenbauwerken ist auch auf Beschädigungen der Stahlbetonstruktur zu achten.***

Gase sind die schlechtesten Wärmeleiter, was unter anderem bei der Herstellung von wärmeisolierend Baustoffen aus Glaswolle, Kork, Steinwolle und Holzfasern oder bei Fassadendämmungen aus Polystyrol oder Polyurethan ausgenutzt wird. Auch in der täglichen Anwendung greift man schon seit Jahrhunderten darauf zurück, dass Gase schlechte Wärmeleiter sind. Pelze und Federn mit ihren enthaltenden Luftschichten dienen Tieren zum Wärmeerhalt, was sich der Mensch zu Nutze machte und Kleidung, Kissen und Decken daraus herstellte. Früher wurden Matratzen mit Stroh gefüllt, heute erfolgt die Isolation durch Kunststoffschäume. Auch die Feuerwehr nutzt die schlechte Wärmeleitung von Gasen aus, um beispielsweise die Kräfte im Innenangriff zu schützen. Moderne Schutzkleidung nach DIN EN 469 besteht in ihrem Aufbau aus mehreren Materialien, die zum einen geringe Wärmeübergänge bzw. Wärmedurchgang aufweisen, zum anderen durch »luftgefüllte« Isolationsfutter u. a. wärmeisolierende Schichten aufweisen. Wie gut dieses Luftpolster die Wärmeleitung unterbinden, zeigt sich vor allem dann, wenn das Luftpolster nicht mehr vorhanden ist und es durch Wärmebeaufschlagung zu Verbrennungen kommt. Hierzu zählen zum Beispiel die Bereiche, bei denen die Bebänderung des Pressluftatmers die Schutzkleidung zusammendrückt oder der Fall, dass bei Durchnässung der Schutzkleidung die thermische Isolationsfunktion aufgehoben wird und heißer Wasserdampf die Kleidung durchschlagen kann.

Da für die Wärmeleitung immer ein materieller Stoff notwendig ist, ist folglich ein luftleerer Raum der beste Wärmeisolator, weshalb beispielsweise bei Thermoskannen und -flaschen die Räume zwischen den Wandungen oder bei mehrfachverglasten Fenstern die Bereiche zwischen den Scheiben nahezu luftleer sind.

Unter **Wärmeströmung** oder auch Konvektion versteht man die Übertragung von Wärme in Gasen oder Flüssigkeiten durch deren Strömung. Letztendlich ist es ein Zusammenspiel von Temperatur- und Dichteunterschiede in einem entsprechenden Stoff. Wärmere Bestandteile des Stoffes haben eine geringere Dichte als die kalten Bestandteile, streben nach oben und führen die Wärme mit, die kalten Bestandteile sinken nach unten. Überall auf der Erde ist das Phänomen der Konvektion zu beobachten. Die großen Meeresströmungen, wie zum Beispiel der Golfstrom, werden durch Konvektion am Laufen gehalten, Luftschichten werden über Land erhitzt, steigen auf, kalte Luft strömt unten nach – ein entscheidender Faktor für die Entstehung von Wind und Wolken bis hin zu Unwettern. Man spricht hierbei von natürlicher oder freier Konvektion. Nach dem Prinzip der freien Konvektion funktionieren auch Schwerkraftheizungen ohne Umwälzpumpen, Heißluftballone, das Wäschetrocknen auf der Leine, der Kamineffekt bei Schornsteinen, die Fugenlüftung in Häusern sowie prinzipiell die Lufterwärmung über einem Heizkörper oder einer Fußbodenheizung.

Werden für die Bewegung des erwärmten Mediums Pumpen, Propeller oder Ventilatoren eingesetzt, bezeichnet man dies als erzwungene Konvektion. Beispiele hierfür sind das Haaretrocknen mit einem Fön, die Nutzung von Umwälzpumpen in Heizungsanlagen, die Kühlwasserpumpe in Verbrennungsmotoren oder das Kühlen von Prozessoren mit Lüftern.

Bei einem Brandeinsatz bringt die freie Konvektion Vor- und Nachteile mit sich. Das Aufsteigen der heißen Rauchgase führt prinzipiell zu dem positiven Effekt, dass es zu einer Schichtung mit heißeren und kühleren Bereichen in einem Brandraum kommt, ein Vorgehen der Trupps in tiefer Gangart in den unteren kühlen Bereichen ist somit vorteilhafter. Kann der Brandrauch zudem frei abströmen und somit die entstandene Wärme abführen, kann es in anderen Teilen des Objektes (zum Beispiel Dachgeschoss oder Hallendecke) nicht zu einem konvektionsbedingten Wärmestau und damit einhergehend zu einer Brandausbreitung kommen. Die freie Konvektion kann zudem durch den Einsatz von Lüftern in eine erzwungene Konvektion überführt und mit der entsprechenden Taktik sogar gelenkt werden. Das Öffnen von Wärmeabzugseinrichtungen ist somit schnellstmöglich in die Wege zu leiten und ein Lüftereinsatz vorzubereiten. Unter bestimmten Voraussetzungen kann eine freie Konvektion allerdings ein Brandereignis auch beschleunigen, nämlich dann, wenn durch den sogenannten Kamineffekt die heißen Brandgase nach oben abgeführt werden und von unten nachströmender Sauerstoff den Brand mehr und mehr anfacht. Die Brandtemperatur nimmt zu, die Konvektion verstärkt sich, somit wird noch mehr Sauerstoff dem Brandherd zugeführt und das Feuer kann sich in kürzester Zeit nach oben durch das Haus ausbreiten.

Ist jedoch ein freies Abströmen von Rauch und Wärme behindert oder gar unmöglich, zum Beispiel bei einem Kellerbrand oder einem noch geschlossenen Dachstuhlbrand, entstehen sehr schnell große Wärmemengen verbunden mit einem Druckanstieg.

Bild 25: ***Ein aufgrund des Kamineffektes vom Erdgeschoss bis ins Dachgeschoss ausgebranntes Reihenhaus***

Bild 26: ***Unter Druck austretende Rauch bei einem noch geschlossenen Dachstuhlbrand***

Bedingt durch die Thermik und den Überdruck des heißen Rauches sucht sich dieser andere Wege aus dem Brandbereich. Über Dehnfugen, Installationsschächte, in Rohren verlegte Elektroleitungen, durch Wand- und Deckenöffnungen aufgrund von Baumängeln, durch Setzrisse oder über Lüftungsschächte kann sich dann der Brandrauch in mehrere Räume eines Gebäudes ausbreiten, zum Teil in Bereiche, die mit dem eigentlichen Brandraum baulich nichts zu tun haben.

Bild 27: ***Durch Wandritzen und Steckdose herausgedrückter Brandrauch***

Sind zudem Lüftungsanlagen nicht brandfallgesteuert, erfolgt eine unkontrollierte Rauch- und ggf. Brandausbreitung durch eine erzwungene Konvektion, solange die Ventilatoren laufen. Das Prinzip der Wärmeströmung wird auch für das Auslösen von Hausrauchmeldern, Brandmeldeanalgen und Sprinkleranlagen genutzt. Aufsteigender Brandrauch löst zum einen optische Rauchmelder aus, aufsteigende Wärme aktiviert Wärmemelder oder zerstört die thermischen Auslöseelemente von Glasfass- oder Schmelzlotsprinklern. Die Wärmeströmung ist die bei einem Brand am häufigsten vorkommende Wärmeübertragung.

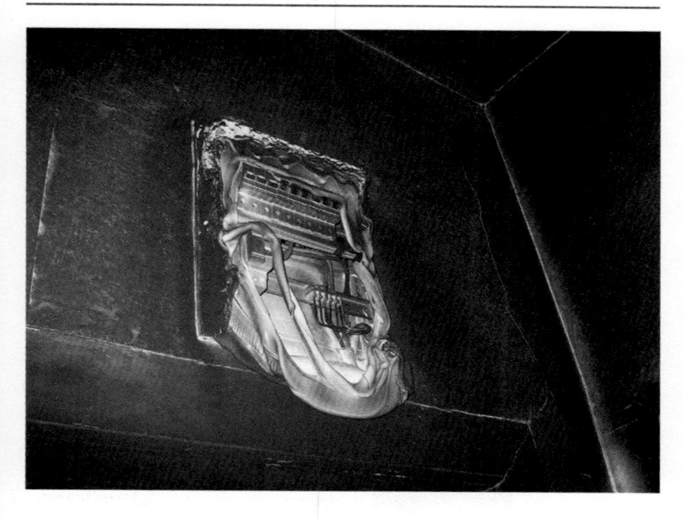

Bild 28: ***Ein durch Konvektion von heißen Rauchgasen geschmolzener Hausverteilerkasten***

Die bei einem Verbrennungsvorgang entstehende Wärme ist physikalisch gesehen nichts anders als eine elektromagnetische Wellenstrahlung, sie wird als **Wärmestrahlung** bezeichnet. Die von uns Menschen als Wärme spürbare elektromagnetische Strahlung wird überwiegend unterhalb des Spektrums des sichtbaren Lichts in Form der langwelligen Infrarotstrahlung ausgesandt. Mit einer Temperaturerhöhung geht die entstehende Strahlung in das sichtbare Spektrum des Lichts über und die wärmeausstrahlende Quelle wird für uns zusätzlich in Form von Glut oder Flamme sichtbar. Dabei treten zuerst die langwelligen roten und gelben Farben auf, bevor auch die anderen Farben des sichtbaren Lichts bis hin zu grellweiß durchlaufen werden. Gleichzeitig nimmt dabei auch die Intensität der Wärmestrahlung überproportional zu. Verdoppelt sich beispielsweis die Brandtemperatur von 300 °C auf 600 °C, so steigt die Strahlungsintensität um das Sechszehnfache. Die mit den Temperaturänderungen einhergehenden Helligkeits- und Farbverschiebungen machen es möglich, Temperaturen anhand der Glühfarben abzuschätzen.

Bild 29: ***Glühfarben bei unterschiedlichen Temperaturen. Von der Flammenfarbe auf die Verbrennungstemperatur zu schließen wird schwieriger, da die Flammenfärbung u. a. von der chemischen Zusammensetzung des brennbaren Stoffes und von der Vermischung der austretenden brennbaren Gase mit Sauerstoff beeinflusst werden kann. (Quelle: Roy Bergdoll)***

Im Gegensatz zur Wärmeleitung und Wärmeströmung ist die Wärmestrahlung an kein Übertragungsmedium gebunden. Dass Wärmestrahlung im luftleeren Raum funktioniert, zeigt sich jeden Tag mit dem Aufgehen der Sonne, deren »Wärmestrahlen« nach über 150 Millionen Kilometer auf die Erde treffen. Die Intensität der Wärmestrahlung nimmt mit dem Quadrat der Entfernung vom Strahler ab, das heißt bei doppelter Entfernung beträgt die Strahlungsintensität nur noch ein Viertel, bei dreifacher Entfernung nur noch ein Neuntel. So können bei einem entsprechend großen Brand oder bei geringen Abständen zwischen Gebäuden Folgebrände durch Wärmestrahlung entstehen. Ein Entzünden brennbarer Stoffe aufgrund einer hohen Wärmestrahlung bei Großbränden kann durchaus über eine Entfernung von 30 bis 40 Meter erfolgen. Luftbewegungen haben keinerlei Einfluss auf die Strahlung, meist ist die Wärmestrahlung gegen den Wind sogar noch intensiver, da sie mit dem Wind von den Rauchpartikeln teilweise absorbiert wird.

Trifft Wärmestrahlung auf Materie, so kann sie in mehrere Arten auf diese einwirken. Je nach Zusammensetzung des bestrahlten Stoffes geht die Wärmestrahlung mehr oder weniger durch diesen hindurch, man spricht hier von **Durchdringung**. Transparente Stoffe wie Glas durchdringt Wärmestrahlung problemlos und kann dahinterliegenden Einrichtungsgegenstände entzünden. Diesem Punkt muss beispielsweise in modernen Bürogebäuden mit großen Glasflächen im Innenausbau begegnet werden. Um Flucht und Rettungswege begehbar zu halten, werden entsprechende Brandschutzverglasungen eingebaut, die neben einem Flammen- und Brandgasdurchtritt zusätzlich den Durchtritt von Wärmestrahlung für eine bestimmte Dauer verhindern. Auch Wasser gilt, je nach Schichtdicke, als transparent und kann von Wärmestrahlung durchdrungen werden. Der oft gesehene Aufbau einer Riegelstellung, indem mittels B-Rohr oder Hydroschild eine Wasserwand zwischen dem Brandobjekt und einem Nachbaranwesen hergestellt wird, ist daher absolut wirkungslos. Um brennbare Stoffe vor Wärmestrahlung zu schützen, müssen sie direkt gekühlt werden, damit das Wasser die vom brennbaren Stoff aufgenommene Wärme in Form der Wärmeleitung abführt.

Bild 30: ***Klassische Riegelstellung zum Schutz des danebenliegenden Gebäudes***

Stoffe mit glatter und glänzender Oberfläche, wie zum Beispiel Metalle, werfen einen Großteil der auftreffenden Wärmestrahlung wieder zurück, diesen Vorgang nennt man **Reflexion** – ein weiterer Effekt, der in Thermosflaschen und -kannen ausgenutzt wird, indem die Innenseite eine Verspiegelung erhält. Als weitere praktische Anwendung sind die Metallbeschichtungen von Rettungsdecken und Isoliertaschen anzuführen, die eine Wärmeabstrahlung verringern. Dunkle Stoffe besitzen hingegen ein geringeres Reflexionsvermögen und werden stärker erwärmt. Diese Aufnahme von Wärme durch Wärmestrahlung nennt man **Absorption** und sie verläuft genau gegensätzlich zur Reflexion – raue und dunkle Körper werden wesentlich stärker erwärmt als helle, glatte.

Die durchgelassene, reflektierte und absorbierte Energiemenge eines Körpers ist immer gleich der Energie der gesamten auftreffenden Wärmestrahlung. Bei einem tiefschwarz lackierten Pkw und einem reinweiß lackierten Pkw gleicher Bauart ist die Energie der durch die Scheiben durchgelassenen Wärmestrahlung gleich, das schwarze Fahrzeug absorbiert allerdings mehr Energie und reflektiert eine geringere Energiemenge als der weiße Pkw. Die Summe aller aufgenommen und zurückgeworfenen Energieteilmengen ist gleich, jedoch erwärmt sich der dunkle Pkw wesentlich schneller und die Karosserie wird spürbar wärmer, da wesentlich mehr Wärmestrahlung durch die Absorption aufgenommen wird.

Neben den klassischen Vorgängen der Wärmeübertragung durch Wärmeleitung, Wärmeströmung, Wärmestrahlung und die Fremdzündung eines brennbaren Stoffes durch Funken sind hier noch zwei weitere Arten von wärmeübertragenden Vorgängen angeführt.

Brandausbreitung durch **Flugfeuer**: Bei Wald- und Flächenbränden oder bei Bränden größerer Objekte wie Lagerhallen entsteht durch Konvektion ein starker thermischer Auftrieb. Dadurch oder auch durch starke Winde können größere glühende Teile mitgerissen werden, die beim Niedergehen noch ausreichend thermische Energie aufweisen, um dort vorhandene brennbare Stoffe zu entzünden. Beispiele sind brennendes Papier, Kartonage oder Holzspäne, aber auch Laub, Strohreste,

Bild 31: ***Funkenflug bei einem Kaminbrand***

Bild 32: ***Entstehender Funkenflug beim Großbrand einer Lagerhalle***

Teerpappestücke, Teile von Photovoltaikanlagen oder andere brennbare Bedachungsteile. Je nach Thermik können dabei Abstände von mehr als 100 Meter überwunden werden.

Brandausbreitung durch **brennendes Abfallen** oder **Abtropfen**: Wenn brennbare Bauteile sich aus ihrer Verankerung lösen und herabfallen oder bestimmte Kunststoffe, Teer, Zinn oder Aluminium brennend, glühend, geschmolzen oder sehr heiß abtropfen, so können darunterliegende brennbare Stoffe entzündet werden.

4.2 Weiterführende Informationen

4.2.1 Zündtemperatur

Wie bereits angeführt, tritt die Entzündung eines brennbaren Stoffes ein, wenn dieser unter den notwendigen Voraussetzungen auf eine gewisse Mindesttemperatur, der **Zündtemperatur** erwärmt wird. Die Entzündung des brennbaren Stoffes erfolgt aber nicht schon in dem Augenblick, in dem dieser die Temperatur der Zündquelle angenommen hat, vielmehr vergeht bis zum Auftreten erster Lichterscheinungen wie Glut oder Flammen – dem eigentlichen Brennen – eine messbare Zeit, die als **Zündverzugszeit** bezeichnet wird. Der Vorgang des Zündens ist recht komplex und ist unter anderem abhängig vom chemischen Aufbau des brennbaren Stoffes, von der spezifischen Wärme, der spezifischen Oberfläche, der Wärmeübergangszahl und der Ausgangstemperatur sowie teilweise vom Wassergehalt des Brennstoffes und der Temperaturdifferenz zur Zündquelle.

Um den Entzündungsvorgang genauer beschreiben zu können, muss man sich die Definition der Zündtemperatur noch einmal näher anschauen. Wie anfangs erläutert, ist die Zündtemperatur einer explosionsfähigen Atmosphäre von Gasen und Dämpfen die nach DIN 51794 ermittelte niedrigste Temperatur einer erwärmten Wand, an der die am leichtesten entzündbare explosionsfähige Atmosphäre gerade noch zum Brennen mit Flammenerscheinung angeregt wird. Bei festen kompakten Stoffen ist die Zündtemperatur die niedrigste Temperatur, die ausreicht, um den Stoff zu entzünden. Für

Feststoffe gibt es allerdings kein genormtes Prüfverfahren, da zum Beispiel bereits unterhalb der Zündtemperatur chemische Umsetzungsprozesse stattfinden, die nicht beeinflussbar sind und somit keine einheitlichen Prüfbedingungen zulassen. Bei brennbaren Stäuben wird beispielsweise nicht die Zündtemperatur ermittelt, sondern die Glimmtemperatur der auf der heißen Oberfläche liegenden 5 mm starken Staubschicht, da diese besondere Bedeutung für die Beurteilung abgelagerter brennbarer Stäube und feinkörniger Schüttgüter hat. Die Glimmtemperatur liegt unterhalb der Zündtemperatur des eigentlichen Stoffes.

Tabelle 5: ***Glimm- und Zündtemperaturen verschiedener Stäube, teilweise mit Selbstentzündungstemperaturen***

Staubart	Glimmtemperatur der Staubschicht [°C]	Zündtemperatur der Staubwolke [°C]
Buchenholz	320	400
Kiefernholz	350	410
Abfallholz	360	590 Selbstentzündung bei 190
Kork	330	430
Holzmehl	305	470
Baumwolle	360	400
Cellulose	380	500
Papier	270	410

Tabelle 5: ***Glimm- und Zündtemperaturen – Fortsetzung***

Staubart	Glimmtemperatur der Staubschicht [°C]	Zündtemperatur der Staubwolke [°C]
Getreide	290	490
Getreidemehl	300	510
Kraftfutter	295	530
Tiermehl	> 400	520 Selbstentzündung bei 165
Soja	280	620
Hartweizengrieß	320	400
Maisstärke	440	520
Milchpulver	330	460
Kakao	250	560
Schwarztee	300	510
Tabak	310	530
Steinkohle	370	530
Braunkohle	230	420 Selbstentzündung bei 100
Aktivkohle	> 400	780 Selbstentzündung bei 250
Ruß	385	620

Tabelle 5: ***Glimm- und Zündtemperaturen – Fortsetzung***

Staubart	Glimmtemperatur der Staubschicht [°C]	Zündtemperatur der Staubwolke [°C]
Torf	310	490
Klärschlamm	260	470 Selbstentzündung bei 140
Kautschuk	230	450
Polyvinylacetat (PVAC)	schmilzt	570
Polyvinylchlorid (PVC)	380	530
Schwefel	260	280
Aluminium	*280*	*530*
Bronze	*260*	*390*
Eisen	*300*	*310*
Magnesium	*410*	*610*

4.2.2 Mindestzündenergie

Die Zündtemperatur selbst ist zwar keine präzise Stoffkonstante, dennoch ist sie eine von den jeweiligen Umgebungsbedingungen (Temperatur, Druck) abhängige Sicherheitstechnische Kennzahl, die neben weiteren Kennzahlen für die

Beurteilung der Entzündlichkeit eines Stoffes herangezogen wird. In der Praxis reicht die Zündtemperatur zur Beurteilung der Zündgefahr jedoch nicht aus, da auch die **Mindestzündenergie** berücksichtigt werden muss. Diese ist die von einer Zündquelle abgegebene niedrigste Energie, durch die ein brennbarer Stoff entzündet werden kann. Hier kommt der Faktor Zeit ins Spiel. Selbst wenn die Temperatur einer Zündquelle weit über der Zündtemperatur eines Stoffes liegt, tritt eine Zündung erst dann ein, wenn die von der Zündquelle abgegebene Energie die Mindestzündenergie des Stoffes erreicht hat. Bei Gasen und Dämpfen genügt eine sehr geringe Mindestzündenergie, zum Beispiel in Form eines Funkens, um die Teilchen auf ihre Zündtemperatur zu erwärmen. Um kompakte feste Stoffe zu entzünden, muss eine große Wärmemenge von der Zündquelle auf den brennbaren Stoff übertragen werden, um ihn auf seine Zündtemperatur zu erwärmen. Dazu bedarf es entweder einer sehr energiereichen Zündquelle (z. B. ein Blitz) oder einer langen Zeit (siehe Tabellen 6 bis 8).

Tabelle 6: ***Mindestzündenergien, Flammpunkte und Zündtemperaturen verschiedener brennbarer Flüssigkeiten und ihrer Dämpfe***

Brennbare Flüssigkeit	Mindestzündenergie [mJ]	Flammpunkt [°C]	Zündtemperatur [°C]
1,1,1-Trichlorethan	4 800	nicht entflammbar	490
1,2-Dichlorethan	1	13	440
Acetaldehyd	0,38	-27	155
Aceton	0,55	<-20	465
Benzol	0,2	-11	555
Butanon	0,27	-8	475
Cyclohexan	0,22	-18	260
Dichlormethan	9 300	nicht entflammbar	605
Diethylether	0,19	-40	175
Essigsäureethylester (Essigester)	0,46	-4	470
Ethanol	0,28	12	400
Methanol	0,2	9	440
n-Heptan	0,24	-7	220
Propylenoxid	0,13	-38	430
Schwefelkohlenstoff	0,009	-30	95

Tabelle 7: ***Mindestzündenergien und Zündtemperaturen verschiedener brennbarer Gase***

Brennbares Gas	Mindestzündenergie [mJ]	Zündtemperatur [°C]
Ammoniak	14	630
Acetylen	0,019	305
1,3-Butadien	0,13	415
Erdgas	0,25	ca. 640
Ethan	0,25	515
Ethylen	0,082	440
Ethylenoxid	0,061	435
Kohlenstoffmonoxid	es liegen keine Daten vor	605
Methan	0,28	595
n-Butan	0,25	365
Propan (Flüssiggas)	0,24	470
Propylen	0,082	485
Schwefelwasserstoff	es liegen keine Daten vor	270
Wasserstoff	0,016	560

Tabelle 8: ***Zündtemperaturen verschiedener brennbarer fester Stoffe***

Brennbarer Feststoff	**Zündtemperatur [°C]**
Phosphor weiß	34
Phosphor rot	260
Schwefel	232
Kunststoffe	200 bis 300
Fichtenholz	280
Buchenholz	295
Eichenholz	320
Zeitungspapier	180
Krepppapier	280
Schreibpapier	370
Kork	300 bis 320
Holzkohle	ca. 350
Braunkohle	250 bis 280
Steinkohle	ca. 350
Koks	500 bis 640
Asphalt	485
Torf	230
Stroh	250 bis 300
Heu	260 bis 310
Baumwolle	450

Tabelle 8: ***Zündtemperaturen verschiedener brennbarer fester Stoffe – Fortsetzung***

Brennbarer Feststoff	Zündtemperatur [°C]
Getreide	250 bis 320
Zucker	410
Roggenmehl	500
Tabak	175

4.2.3 Zündvorgang

Das Zusammenspiel von Zündtemperatur und Mindestzündenergie soll am Beispiel des Zündens einer Gastherme, des Zündens eines Ölofens und des Anfeuerns eines Kaminofens verdeutlicht werden. Das in der Gastherme ausströmende Erdgas hat eine Zündtemperatur von rund 600 °C, die Mindestzündenergie beträgt bei 20 °C (Raumtemperatur) lediglich 0,25 mJ (Millijoule). Es reicht also schon die elektrisch erzeugte Energie des Funkens eines Piezo-Zünders, die mechanisch erzeugte Energie des Funkens eines Bügelanzünders mit einem Feuerstein oder die direkte Flamme eines Streichholzes, um das Gasgemisch zu zünden.

Das sich in einem Ölofen befindliche Heizöl hat eine Zündtemperatur von rund 250 °C und einen Flammpunkt von rund 65 °C. Die Zündenergie von Heizöl liegt im Bereich zwischen 1 mJ und 3 mJ und entspricht damit etwa der Zündenergie von extrem zündempfindlichen Stäuben. Obwohl Heizöl im Gegensatz zu Erdgas eine Zündtemperatur aufweist, die rund 350 °C niedriger liegt, muss im Mittel achtmal mehr Energie aufgebracht werden, um die Mindestzündenergie des Heizöl-Luft-Gemisches zu erreichen. Hinzu kommt noch die Energie, die aufgebracht werden muss, um das Heizöl soweit zu erhitzen, dass sein Brennpunkt erreicht ist, sich also die Verbrennung von selbst unterhält. Mit einem einfachen Streichholz oder gar einem Funken lässt sich ein Ölofen nicht anzünden, hier muss schon eine längere Zeit, zum Beispiel durch einen Holzspan oder Zündstreifen, Wärme zugeführt werden. Erschwert wird das Anzünden zudem, wenn das Heizöl direkt aus dem (winter-) kalten Vorratstank geholt wird und nicht durch Lagerung im Haus »vorgewärmt« wird. Am einfachsten ließ sich ein Ölofen anzünden, wenn das Heizöl auf die Temperatur seines Brennpunktes erwärmt werden würde, so müsste lediglich die Mindestzündenergie zwischen 1 mJ und 3 mJ aufgebracht werden – hier würde ein Streichholz dann genügen.

Jeder, der bisher versucht hat, einen Kaminofen (oder ein Lagerfeuer) anzuzünden, kennt die Problematik, wenn das Holz zu nass oder die Holzscheite zu groß sind. Abhängig vom Wassergehalt sowie vom Verhältnis Oberfläche zu Masse müssen Feststoffe in der Regel erst »aufbereitet« werden, bevor sie brennen. Es muss also eine bestimmte Wärmemenge von der Zündquelle auf den brennbaren Stoff übertragen werden, um ihn auf seine Zündtemperatur zu erwärmen. Dazu bedarf es entweder einer energiereichen Zündquelle – bei einem Lagerfeuer würde ein Kanister Benzin diesen Zweck durchaus erfüllen, welche gefährlichen Situationen dabei auftreten können, sind in Kapitel 5 »Voraussetzung Mengenverhältnis« beschrieben – oder einer langen Zeit bzw. dem richtigen Vorgehen. Nasses Holz scheidet von vorneherein aus, da unabhängig von der Gesamtoberfläche des in den Ofen eingelegten Holzes die Erwärmung bei etwas über 100 °C »stockt«, bis der überwiegende Teil des gebundenen Wassers verdampft ist. Erst danach wird die zugeführte Energie dazu genutzt, das Holz »aufzubereiten«. Nasses Holz zu entzünden ist langwierig bis unmöglich. In den vorangegangenen Kapiteln wurde allgemein die Aufbereitung eines brennbaren Stoffes schon geschildert. Im Absatz zur Selbstentzündung wurde die biologische und chemische Aufbereitung beschrieben, bei den brennbaren Flüssigkeiten ist die Dampfbildung an der Flüssigkeitsoberfläche eine Form der thermischen Aufbereitung.

Beim Zünden eines Kaminofens nutzt man quasi die mechanische und die thermische Aufbereitung des Holzes. Bei einem Holzscheit mit einer Kantenlänge von 10 cm x 10 cm x 25 cm ist ein direktes Anzünden nahezu unmöglich. Selbst mit einem Schweißbrenner würde es unverhältnismäßig lange dauern, den Holzscheit soweit aufzubereiten, dass er brennt. Dies liegt unter anderem daran, dass dieser Holzblock mit einer Oberfläche von 1 200 cm^2 aufgrund der hohen Dichte von Holz im Verhältnis zu seiner Masse eine kleine spezifische Oberfläche hat. Zerteilt man den Holzklotz, was einer mechanischen Aufbereitung entspricht, in 25 Scheite mit einer Kantenlänge von 2 cm x 2 cm x 25 cm, so erhält man eine Oberfläche von 5 200 cm^2. Um diesen Scheiterhaufen zu entzünden, reicht die Energiezufuhr aus, die beim Abbrennen eines Kamin- oder Grillanzünders entsteht. Würde man die Scheite weiter zu Spänen oder zu Holzwolle zerkleinern, könnte man das Endprodukt problemlos mit einem Streichholz anzünden. Die Zündtemperatur bleibt bei allen Varianten stets gleich, nur die zur Zündung erforderliche Wärmeenergie nimmt ab. Ungeachtet für welche mechanische Aufbereitung man sich entschieden hat, fängt Holz erst dann an zu brennen, wenn die verschiedenen Vorgänge einer thermischen Aufbereitung durchlaufen wurden. Das Abbrennen von Holz durchläuft in der Regel drei Phasen, egal ob in einem Ofen, bei einem Lagerfeuer oder bei einem Wohnungsbrand.

Mit der Erhitzung von außen beginnt die erste Phase der Verbrennung, **die Erwärmungs- bzw. Trocknungsphase**. Hierbei verdampfen das im Brennstoff gespeicherte Wasser und sonstige leicht flüchtige Stoffe. Ist dieser Vorgang abgeschlossen, erhöht sich die Temperatur weiter und es beginnt zwischen 120 °C und 150 °C die zweite Phase, **die Pyrolyse oder Entgasungsphase**. Hierbei verwandelt sich das Holz durch hitzebedingte chemische Zersetzung zum Teil in gasförmige Stoffe, die aus dem Holz austreten und in einer Flamme verbrennen. Die eigentliche Verbrennung beginnt mit der Entzündung der entstandenen Gase bei ca. 225 °C (der Zündtemperatur von Holz) und der Freisetzung von Wärme. Daneben bilden sich Öle und Teere, die sich bei höheren Temperaturen weiter zersetzen. Ab einer Temperatur von etwa 400 °C bis 500 °C vergasen auch die festen organischen Bestandteile, es entsteht Holzkohle. Dabei können die Flammen eine Temperatur von bis zu 1 100 °C erreichen. Sind alle flüchtigen Bestandteile verbrannt, bleibt Holzkohleglut zurück und der Verbrennungsvorgang wechselt in die dritte Phase, **die Ausbrandphase**. Jetzt verbrennt die Holzkohleglut bei einer Temperatur von rund 800 °C relativ langsam und ohne Flamme. Als Rückstand bleibt Asche übrig, die nichtbrennbaren anorganischen Mineralstoffe im Holz. Vom Prinzip erfolgt bei allen brennbaren Feststoffen diese thermische Aufbereitung, egal ob Holz, Steinkohle oder Kunststoffe.

Letztendlich durchlaufen alle Verbrennungsvorgänge vom Entzünden bis zum anschließenden selbständigen Brennen einen Energiekreislauf, egal ob feste, flüssige, gasförmige Stoffe oder Dämpfe. Durch die Zufuhr von Zündenergie wird der brennbare Stoff aufbereitet und so lange Energie zugeführt, bis das System in der Lage ist, sich durch eigene Energieproduktion selbstständig am Brennen zu halten. Ab diesem Punkt, der **Mindestverbrennungstemperatur**, ist eine weitere Energiezufuhr von außen nicht mehr nötig. Der weiter oben erwähnte **Zündverzug** ist genau diese Zeitdauer zwischen Beginn der Energiezufuhr und Erreichen der Mindestverbrennungstemperatur. Während der selbstständigen Verbrennung gibt das System überschüssige Wärme ab, die für eine weitere Aktivierung und Aufbereitung des Stoffes nicht benötigt wird. Somit steigt die Temperatur im System weiter an, bis die sogenannte Brandtemperatur erreicht ist. Die eigentliche **Brandtemperatur** hängt von vielen Faktoren ab, die das Brandsystem selbst (Abbrandrate, Verhältnis Oberfläche zu Masse usw.) und auch seine Umgebung (z. B. die Sauerstoffkonzentration, Wärmeverluste) betreffen. Brandtemperaturen sind keine Stoffkonstanten, sondern nur ungefähre Werte (siehe Tabelle 9).

Tabelle 9: ***Brandtemperaturen verschiedener brennbarer Stoffe***

	Brandtemperatur in Luft [°C]
Zigarettentabak (normales Glimmen)	400 bis 500
Zigarettentabak (beim Ziehen)	600 bis 900
Papier	800
Streichholz	800
Ruß im Schornstein	1 000 bis 1 200
Holz und Kohle	1 100 bis 1 300
Koks	1 400 bis 1 600
Stadtgas	1 500
Magnesium	2 000 bis 2 300
Wasserstoff	2 045
Benzin	2 320
Thermit	3 000
Acetylen-Sauerstoff-Gemisch	3 100

4.2.4 Temperaturklassen und Explosionsgruppen

Wie bereits angeführt, werden die Zündtemperaturen brennbare Gase und Flüssigkeiten anhand der Temperatur heißer Oberflächen ermittelt. Anhand der ermittelten Werte werden brennbare Flüssigkeiten und Gase entsprechend der europäischen ATEX-Richtlinie (ATEX - **AT**mosphères **EX**plosibles) bzw. der deutschen Explosionsschutzprodukteverordnung in sechs **Temperaturklassen** eingeteilt.

- Temperaturklasse T1
  - höchstzulässige Oberflächentemperatur der Betriebsmittel 450 °C
  - Zündtemperatur der brennbaren Stoffe > 450 °C
- Temperaturklasse T2
  - höchstzulässige Oberflächentemperatur der Betriebsmittel 300 °C
  - Zündtemperatur der brennbaren Stoffe > 300 °C bis ≤ 450 °C
- Temperaturklasse T3
  - höchstzulässige Oberflächentemperatur der Betriebsmittel 200 °C
  - Zündtemperatur der brennbaren Stoffe > 200 °C bis ≤ 300 °C
- Temperaturklasse T4
  - höchstzulässige Oberflächentemperatur der Betriebsmittel 135 °C
  - Zündtemperatur der brennbaren Stoffe > 135 °C bis ≤ 200 °C

- Temperaturklasse T5
  - höchstzulässige Oberflächentemperatur der Betriebsmittel 100 °C
  - Zündtemperatur der brennbaren Stoffe > 100 °C bis ≤ 135 °C
- Temperaturklasse T6
  - höchstzulässige Oberflächentemperatur der Betriebsmittel 85 °C
  - Zündtemperatur der brennbaren Stoffe > 85 °C bis ≤ 100 °C

Bezüglich der Wirksamkeit von Zündfunken werden brennbaren Gasen und Dämpfen weiterhin **Explosionsgruppen** zugeteilt. Bezieht man noch explosionsfähige Stäube in die Betrachtung mit ein, so unterscheidet man drei Explosionsgruppen:

Die Gruppe I umfasst den Bereich von schlagwettergefährdeten Bergwerken, vor allem im Kohlebergbau. Die Gruppe I ist vom jeweiligen explosiven Stoff abhängig (im Kohlebergbau z. B. Methan in Verbindung mit Kohlestaub) und in die drei Untergruppen IA, IB und IC unterteilt, wobei die Gefährdung von A nach C, wie bei allen Gruppen, zunimmt.

Die Gruppe II steht für explosionsfähige Gase und Dämpfe und wird bei einigen Zündschutzarten (z. B. Ex i, Ex d, Ex n) in die Untergruppen IIA, IIB und IIC unterteilt. Der Untergruppe IIA sind zum Beispiel Heizöl, Benzin, Ammoniak, Ethylalkohol oder Kohlenstoffmonoxid zugeordnet. Zur Untergruppe IIB gehören beispielsweise Ethylen, Schwefelwasserstoff und Stadtgas. Die Untergruppe IIC umfasst u. a. Wasserstoff, Acetylen und Schwefelkohlenstoff.

In der Gruppe III werden die Stäube erfasst, wobei hier unterteilt wird in IIIA (Fasern), IIIB (nichtleitfähige Stäube) und IIIC (leitfähige Stäube). Die Gruppe III ist jedoch nur in der Normung eingeführt, die ATEX-Richtlinie 94/9/EG unterscheidet nur in Gruppe I und Gruppe II. Die Mindestzündenergien von Stäuben hängt stark von der Beschaffenheit der Stäube wie z. B. der Korngrößenverteilung, der Oberflächenstruktur, der Feuchte und der Zusammensetzung ab. Allgemein gilt, dass mit abnehmender Feuchte und abnehmender Korngröße die Mindestzündenergie absinkt (siehe Tabelle 10).

Tabelle 10: ***Zuordnung der Zündwilligkeit von Stäuben anhand der Mindestzündenergie***

Mindestzündenergie	Art des Staubes	Beispiel
< 3 mJ	extrem entzündliche Stäube	Aluminiumstäube
3 bis 10 mJ	leicht (besonders) entzündliche Stäube	Wachsstäube
$>$ 10 bis 100 mJ	normal entzündliche Stäube	Zucker- und Milchpulverstäube
$>$ 100 mJ	schwer entzündliche Stäube	Weizenmehl, Kohlenstäube

Die beiden Klassifizierungen nach Temperaturklassen und Explosionsgruppen ermöglichen für den Betrieb in explosionsgefährdeten Bereichen die richtige Auswahl an Maschinen,

Betriebsmitteln, stationären oder ortsbeweglichen Vorrichtungen, Steuerungs- oder Ausrüstungsteile sowie deren Bauteile, die eigene potentielle Zündquellen aufweisen und dadurch eine Explosion verursachen können. In Tabelle 11 und Tabelle 12 sind einige Stoffe mit ihren Einteilungen angeführt.

Tabelle 11: ***Einteilung brennbarer flüssiger und gasförmiger Stoffe anhand ihrer Zündtemperaturen in Temperaturklassen und Explosionsgruppen. In der Temperaturklasse T5 sind derzeit keine Stoffe gelistet.***

Stoffbezeichnung	Zündtemperatur [°C]	Temperaturklasse	Explosionsgruppe
Aceton	465	T1	IIA
Essigsäureethylester (Essigester)	470	T1	IIA
Propan (Flüssiggas)	470	T1	IIA
Essigsäure	485	T1	IIA
Propylen	485	T1	IIA
1,1,1-Trichlorethan	490	T1	IIA
Ethan	515	T1	IIA
Ameisensäure	520	T1	IIA
Toluol	535	T1	IIA
Benzol	555	T1	IIA
Chlorbenzol	590	T1	IIA
Methan	595	T1	I bzw. IIA

Tabelle 11: ***Einteilung brennbarer flüssiger und gasförmiger Stoffe in Temperaturklassen und Explosionsgruppen. – Fortsetzung***

Stoffbezeichnung	Zündtemperatur [°C]	Temperaturklasse	Explosionsgruppe
Dichlormethan	605	T1	IIA
Kohlenstoffmonoxid	605	T1	IIA
Ammoniak	630	T1	IIA
Butanon	475	T1	IIB
Wasserstoff	560	T1	IIC
n-Butan	365	T2	IIA
1,2-Dichlorethan	440	T2	IIA
Methanol	440	T2	IIA
Butanol	325	T2	IIB
Ethanol	400	T2	IIB
Ethylenglykol	410	T2	IIB
1,3-Butadien	415	T2	IIB
Formaldehyd	430	T2	IIB
Propylenoxid	430	T2	IIB
Ethylenoxid	435	T2	IIB
Ethylen	440	T2	IIB
Acetylen	305	T2	IIC
n-Heptan	220	T3	IIA

Tabelle 11: ***Einteilung brennbarer flüssiger und gasförmiger Stoffe in Temperaturklassen und Explosionsgruppen. – Fortsetzung***

Stoffbezeichnung	Zündtemperatur [°C]	Temperaturklasse	Explosionsgruppe
Cyclohexan	260	T3	IIA
Diesel	220 bis 305	T3	IIA
Benzin	220 bis 450	T3	IIA
Schwefelwasserstoff	270	T3	IIB
Acetaldehyd	155	T4	IIA
Diethylether	175	T4	IIB
Ethylnitrit	Zersetzung bei 85 °C	T6	IIA
Schwefelkohlenstoff	95	T6	IIC

Tabelle 12: ***Übersicht der Einteilung brennbarer Flüssigkeiten und Gasen in Temperaturklassen und Explosionsgruppen. Die Zündenergie nimmt von IIA nach IIC ab, die Zündtemperatur von T1 nach T6***

Explosionsgruppe	Temperaturklassen					
	T1	T2	T3	T4	T5	T6
I	Methan	–	–	–	–	–
IIA	1,1,1-Trichlorethan Aceton Ameisensäure Ammoniak Benzol Chlorbenzol Dichlormethan Essigsäure Essigester Ethan Kohlenstoffmon- oxid Methan Methylchlorid Propan Propylen Toluol	i-Amylacetat n-Butan 1,2-Dichlor- ethan Methanol Essigsäure- anhydrid	Benzine Diesel Heizöle Kerosine n-Heptan Cyclohexan	Acetal- dehyd	–	Ethylnitrit

Tabelle 12: ***Übersicht der Einteilung brennbarer Flüssigkeiten und Gasen in Temperaturklassen und Explosionsgruppen. – Fortsetzung***

Explosionsgruppe	Temperaturklassen					
	T1	T2	T3	T4	T5	T6
IIB	Stadtgas Butanon	1,3-Butadien Butanol Ethanol Ethylenglykol Ethylen Ethylenoxid Formaldehyd Propylenoxid	Schwefelwasserstoff	Diethylether	–	–
IIC	Wasserstoff	Acetylen	–	–	–	Schwefelkohlenstoff

5 Voraussetzung Mengenverhältnis

5.1 Allgemeine Grundlagen

Als letzte Vorbedingung für den optimalen Verbrennungsvorgang müssen der brennbare Stoff und der Sauerstoff bzw. die Luft in einem richtigen Mengenverhältnis zueinanderstehen, damit durch den Zündvorgang die Verbrennungsreaktion in Gang kommt. Wie alle chemischen Reaktionen laufen Verbrennungen nur innerhalb eines bestimmten Mischungsverhältnisses der beteiligten Stoffe ab, in der Naturwissenschaft wird dies als das »Gesetz der konstanten Proportionen« bezeichnet. Anders ausgedrückt muss bei jeder Verbrennung ein bestimmtes Mengenverhältnis von Sauerstoff und Brennstoff vorliegen, damit die Reaktion vollständig ablaufen kann. Im Idealfall haben dann alle oxidierbaren Bestandteile des brennbaren Stoffes die höchstmögliche Menge an Sauerstoff gebunden, man bezeichnet den Vorgang dann auch als vollständige Verbrennung. Die einfachsten und bekanntesten Beispiele sind die Reaktion von Sauerstoff und Kohlenstoff im Verhältnis 1:2 zu Kohlenstoffdioxid oder die Reaktion von Wasserstoff und Sauerstoff im Verhältnis 2:1 zu Wasser.

Für die Verbrennung der verschiedenen Brennstoffe gibt es immer ein optimales Luft-Brennstoff-Mengenverhältnis, das sogenannte **stöchiometrische Verhältnis**. Die hundertprozentige Zuordnung von Luftmenge zu Brennstoffmenge ist jedoch nur möglich, wenn sich Sauerstoff und brennbarer Stoff vollständig durchmischen. Beim Verbrennen von Gasen wird dies annähernd erreicht, flüssige brennbare Stoffe müssten dafür maximal zerstäubt und feste Brennstoffe höchstmöglich zerkleinert werden. Für brennbare feste Stoffen zeigt sich somit deutlich, dass das Mischungsverhältnis und damit die Verbrennungsgeschwindigkeit vom Verhältnis der Oberflächengröße des Stoffes zu Sauerstoff bestimmt werden. Wie im Kapitel 4 »Voraussetzung Zündenergie« erläutert, lässt sich Holzwolle wesentlich besser entzünden als ein Holzscheit, da durch die vergrößerte Oberfläche wesentlich mehr Sauerstoff mit dem brennbaren Stoff reagieren kann.

Wie im Kapitel 3 »Voraussetzung Sauerstoff« bereits angedeutet, können Reaktionen zwischen brennbaren Stoffen und Sauerstoff auch dann stattfinden, wenn das optimale Luft-Brennstoff-Mengenverhältnis nicht gegeben ist. Ganz besonders wichtig ist dieser Sachverhalt für die Bildung zündfähiger Gemische aus brennbaren Gasen, Dämpfen, Nebeln und Stäuben, da bei bestimmten, vom brennbaren Stoff abhängigen Konzentrationen, sehr heftige Reaktionen stattfinden können (Reaktion zu annähernd stöchiometrischen Verhältnissen) oder ein selbstständiges Brennen in solchen Gemischen auch gar nicht oder nicht mehr möglich sein kann. Zur Abschätzung der Gefahren, die von solchen Gemischen ausgehen, gibt es neben den in den vorangegangenen Kapiteln bereits angeführten Sicherheitstechnischen Kennzahlen (z. B. Flammpunkt, Verdunstungszahl) weitere für die Feuerwehr relevante Kennwerte.

5.1.1 Der Explosionsbereich mit der unteren und oberen Explosionsgrenze

Die **untere Explosionsgrenze (UEG)** und **obere Explosionsgrenze (OEG)** ist die niedrigste bzw. höchste Konzentration (Stoffmengenanteil) eines brennbaren Stoffes in einem Gemisch von Gasen, Dämpfen, Nebeln oder Stäuben, in dem sich nach dem Zünden eine von der Zündquelle unabhängige Flamme gerade nicht mehr selbstständig fortpflanzen kann. Der **Explosionsbereich** kennzeichnet den Konzentrationsbereich zwischen der UEG und der OEG, innerhalb dessen das Gemisch aus brennbarem Stoff und Sauerstoff jederzeit zündbar ist. Wird die obere Explosionsgrenze überschritten, sind zu viele Teilchen des brennbaren Stoffes im Verhältnis zu Sauerstoffteilchen vorhanden, sodass ein selbstständiges Brennen nicht möglich ist – das Gemisch ist zu fett. Beim Erreichen der UEG ist folglich zu wenig brennbarer Stoff vorhanden – das Gemisch ist zu mager.

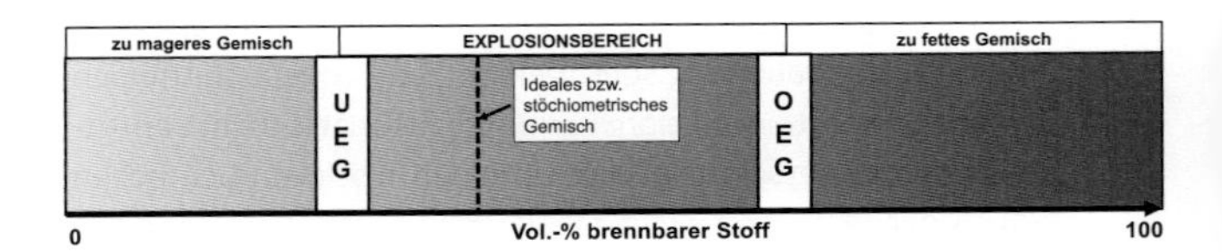

Bild 33: ***Schematische Darstellung des Explosionsbereiches mit den Explosionsgrenzen (Quelle: Roy Bergdoll)***

Besonderes Augenmerk sollte im Einsatz darauf gelegt werden, wenn der Explosionsbereich über die OEG hinaus überschritten wird und sich zu fette Gemische bilden. Zu fette Gemische müssen bei ihrem Abbau grundsätzlich den Explosionsbereich durchlaufen. Dies ist unter anderem der Fall, wenn im Einsatz geschlossene Räume belüftet werden müssen, zum Beispiel bei einer Erdgasausströmung in einem Wohnhaus.

Tritt an einer defekten Gastherme oder am Gaszähler Erdgas aus, so schichtet sich der Stoff, da er leichter als Luft ist, zuerst im entsprechenden Kellerraum und bildet hier in bestimmten Raumhöhen ein explosionsfähiges Gemisch. Wird der Austritt nicht gestoppt, so verteilt sich das Erdgas über den Treppenraum oder Installationsschächten im ganzen Wohnhaus. Abhängig von Deckenhöhen und Abströmmöglichkeiten sowie von einströmenden Gasmengen entstehen in unterschiedlichen Bereichen zu fette Gemische, zu magere Gemische und Explosionsbereiche. Betrachtet man die Mindestzündenergie von Erdgas mit einem Wert vom 0,25 mJ, so reicht schon der kleineste elektrische Funke aus, um das Gas-Luft-Gemisch im Explosionsbereich zu zünden. Dies betrifft prinzipiell alle elektrischen Geräte, Stecker, Mobilteile von Festnetztelefonen, Mobiltelefone und Türklingeln, von offenen Flammen wie Kerzen oder Kaminfeuer ganz zu schweigen.

Wird man nun als Feuerwehr – vor allem in der Nacht – zu einem Gasaustritt alarmiert, steht man unweigerlich vor dem Problem wie man die Bewohner ohne Klingeln informieren soll. Ein Rufen und Klopfen führen zweifellos dazu, dass Lichtschalter betätigt werden. Haben es die Einsatzkräfte vor den Informationsmaßnahmen geschafft, die Stromversorgung im Haus zu unterbrechen, werden von den Anwohnern sicherlich Alternativen wie Feuerzeug oder das Mobiltelefon genutzt, um sich etwas Licht zu verschaffen. Versucht man anfänglich den Einsatz abzuarbeiten, ohne die Bewohner zu informieren, um sie erst nach erfolgten Kontrollmessungen, Stoppen des Gasaustritts und beginnenden Lüftungsmaßnahmen hinauszuführen, werden diese dennoch vom Einsatzbetrieb auf der Straße oder vom Geruch des Odorierungsmittels wach, betätigen wiederum Lichtschalter oder laufen zum Nachbarn und Klingeln dort. Davon, dass mittlerweile sofort die Mobiltelefone gezückt werden, um Bilder zu machen oder über soziale Medien den kompletten Freundes- und Bekanntenkreis

Bild 34: ***Zündung eines noch innerhalb des Explosionsbereiches liegenden Dampfgemisches eines nicht richtig gereinigten Tankzugaufliegers***

zu informieren, ganz zu schweigen. Alles in allem gibt es keine optimale Lösung, wie in solch einem Einsatzfall bei der Räumung eines Wohnhauses zu verfahren ist.

Auch wenn alle Bewohner das Haus sicher verlassen haben, müssen noch vorhandene Zündquellen weiter Beachtung finden, denn mit den eingeleiteten Lüftungsmaßnahmen durchlaufen, wie beschrieben, Bereiche mit zu fetten Gemischen unweigerlich den Explosionsbereich. Kann beispielsweise der Strom im Haus nicht gleich abgeschaltet werden, weil der Hausanschlusskasten in einem Explosionsbereich liegt, so laufen noch Kühlschränke oder Tiefkühltruhen, Lampen sind eingeschaltet und erwärmen sich oder es wurde vergessen, den Elektroherd auszuschalten. Und selbst wenn die Stromversorgung unterbrochen ist, liegen noch genügend batterie- und akkubetriebene Geräte in den Wohnungen.

Die Angabe von Explosionsgrenzen und Explosionsbereichen für Stäube und Nebel ist wesentlich schwieriger als bei Gas/Dampf-Luft-Gemischen, da hier Faktoren wie die Korn- bzw. Tröpfchengröße und die Oberflächenbeschaffenheit der Partikel wesentlich Einfluss auf die Zündfähigkeit haben. Für die meisten Staub-Luft-Gemische brennbarer Stoffe liegt die UEG bei 20 g/m^3 bis 60 g/m^3 und die OEG bei 2 000 g/m^3 bis 6 000 g/m^3 (siehe Tabelle 13). Eine genauere Eingrenzung ist auch nicht sinnvoll, da Staub-Luft-Gemische brennbarer Stoffe durch Aufwirbelung und erneuter Ablagerung einer ständigen Konzentrationsveränderung unterliegen. Daraus resultiert auch die besondere Gefahr von Folgeexplosionen bei Staubexplosionen, da durch die Druckwelle einer schwachen Primärexplosion weiterer abgelagerter Staub aufgewirbelt wird und es teilweise durch ein kaskadenartiges Aufschaukeln von Explosionen letztendlich zu einer sehr starken Explosion mit entsprechenden Zerstörungen kommen kann.

Bild 35: ***Im Gegensatz zu Filmen explodiert selbst ein in Vollbrand stehender Pkw nicht. Damit das passiert, müsste der Kraftstofftank so aufreißen, dass sich der Kraftstoff schlagartig verteilt und das entstehende Dampf-Luft-Gemisch genau innerhalb des Explosionsbereichs von Benzin zwischen 0,6 Vol. % und 8 Vol. % mit einer Zündquelle in Berührung kommen, bevor es sich verflüchtig oder von Luftbewegungen verteilt wird.***

Tabelle 13: ***Beispiele für untere Explosionsgrenzen von Stäuben; auf die Nennung der definierten Korngrößenverteilungen wird der Übersichtlichkeit halber verzichtet.***

	Untere Explosionsgrenzen
Aktivkohle aus Filter	30 g/m^3
Aluminiumpulver	60 g/m^3
Baumwolle aus Filter	10 g/m^3
Braunkohle	60 g/m^3
Cellulose	60 g/m^3
Kakao Endprodukt	125 g/m^3
Eisenpulver	125 g/m^3
Futtermittel gemahlen	30 g/m^3
abgelagerter Holzkohlestaub	30 g/m^3
Holzmehl Buche	60 g/m^3
Mahlkaffee	200 g/m^3
Rohkaffee	30 g/m^3
Kakao abgelagerter Staub	30 g/m^3
Kautschukpulver	30 g/m^3
Kraftfutter	500 g/m^3
Magermilchpulver sprühgetrocknet	125 g/m^3
Magnesium Schleifstaub	30 g/m^3
Milchpulver	60 g/m^3
Papier abgelagerter Staub	30 g/m^3

Tabelle 13: ***Beispiele für untere Explosionsgrenzen von Stäuben; – Fortsetzung***

	Untere Explosionsgrenzen
Polyamid	250 g/m³
Flammruß	60 g/m³
Senfkörner, feingeschrotet	100 g/m³
Steinkohle gemahlen	60 g/m³
Tabak für Zigarettenherstellung	30 g/m³
Pfefferminztee	100 g/m³
Toner Korngröße <20 µm	15 g/m³
Weizenmehl Typ 405	60 g/m³

5.1.2 Dichteverhältnis

Um das Ausbreitungsverhalten von Gasen und Dämpfen beurteilen zu können, wird deren Dichteverhältnis in Bezug auf die Dichte von Luft herangezogen, deren Wert gleich eins gesetzt wird. Gase und Dämpfe mit einem Dichteverhältnis >1 sind schwerer als Luft und breiten sich somit am Boden aus und sammeln sich in tiefliegenden Räumen, Vertiefungen und Senken oder in Schächten und Kanälen. Somit besteht auch die Möglichkeit, dass sich an weit von der Austrittstelle entfernt liegenden Orten Explosionsbereiche bilden, die entsprechend gezündet werden können. Ein klassisches Beispiel ist das Zünden von Kraftstoffdämpfen in der Kanalisation nach Unfällen mit Tankzügen oder Kesselwagen. Auch das Anreichern von Kohlenstoffdioxid in Gärkellern oder die Anreicherungen von Faulgasen in Gruben, Kanälen oder Schächten hat schon zu zahlreichen Feuerwehreinsätzen geführt. Auch tiefkalte und vor allem tiefkalt verflüssigte Gase (z. B. O_2, N_2, LNG oder CO_2) sind deutlich schwerer als Luft, selbst wenn sie im gasförmigen Zustand leichter als Luft sind. Somit ist an Einsatzstellen, wo mit dem Freiwerden großer Mengen von tiefkalt verflüssigten Gasen gerechnet werden muss, besonders auf die Erstickungs- bzw. Brandgefahr zu achten. Gase und Dämpfe mit einem Dichteverhältnis <1 sind folglich leichter als Luft, sie breiten sich nach oben aus und unterschreiten bei einem freien Abströmen durch Verdünnung rasch die untere Explosionsgrenze.

Tabelle 14: ***Explosionsbereiche verschiedener Dämpfe. Dämpfe entzündbarer Flüssigkeiten sind immer schwerer als Luft, die kleinsten relativen Dichten der Dampf-Luft-Gemische haben Methanoldämpfe (1,1) und Hydrazindämpfe (1,05).***

	UEG [Vol.%]	OEG [Vol.%]
1,1,1-Trichlorethan	8	15,5
1,2-Dichlorethan	4,2	16
Acetaldehyd	4	57
Aceton	2,5	14,3
Ameisensäure	10	45,5
Benzin	0,6	8
Benzol	1,2	8
Butanol	1,4	11,3

Tabelle 14: ***Explosionsbereiche verschiedener Dämpfe. – Fortsetzung***

	UEG [Vol.%]	OEG [Vol.%]
Butanon	1,5	11,5
Chlorbenzol	1,3	11
Cyclohexan	1	9,3
Dichlormethan	13	22
Diesel	0,6	6,5
Diethylether	1,7	39
Essigsäure	6	17
Essigsäureethylester (Essigester)	2	12,8
Ethanol	3,1	27,7
Ethylenglykol	3,2	43 bis 51
Formaldehyd (wässrige Lösung)	7	73
Hydrazin	4,7	100
Methanol	6	50
n-Heptan	0,9	6,7
Petroleum	0,6	6,5
Propylenoxid	1,9	38,8
Schwefelkohlenstoff	0,6	60
Terpentinöl	0,8	6
Toluol	1	7,8

Tabelle 15: ***Explosionsbereiche verschiedener Gase und deren relative Dichten zu Luft***

	UEG [Vol.%]	OEG [Vol.%]	rel. Dichte
Ammoniak	14	33	0,6
Acetylen	2,3	100	0,89
1,3-Butadien	1,4	16,3	1,92
Erdgas	4	17	0,55 bis 0,75
Ethan	2,4	14,3	1,05
Ethylen	2,4	32	0,97
Ethylenoxid	2,6	100	1,56
Formaldehyd	7	73	1,04
Kohlenstoff-monoxid	11,3	76	0,97
Methan	4,4	17	0,56
n-Butan	1,4	9,4	2,08
Propan (Flüssig-gas)	1,7	10,8	1,55
Propylen	1,8	11,2	1,48
Propylenoxid	1,9	38,8	2
Schwefelwas-serstoff	3,9	50,2	1,19
Wasserstoff	4	77	0,07

Die Daten in der Tabelle 14 und 15 gelten für Gemische mit einer Luftsauerstoffkonzentration von 21 Vol.-%. Wird die Sauerstoffkonzentration nur um wenige Prozent erhöht, erweitert sich der Zündbereich wesentlich. Mit die größten Explosionsbereiche besitzen die Stoffe Acetylen, Hydrazin, Ethylenoxid, Formaldehyd, Schwefelkohlenstoff, Kohlenstoffmonoxid und Wasserstoff.

5.2 Weitergehende Informationen

Wie anfangs bereits beschrieben, gibt es für die Verbrennung der verschiedenen Brennstoffe immer ein optimales Luft-Brennstoff-Mengenverhältnis, das sogenannte stöchiometrische Verhältnis oder die stöchiometrische Konzentration. Liegt ein **stöchiometrisches Gemisch** vor, so wird zum Einleiten des Verbrennungsvorgangs die geringste Zündenergie und die niedrigste Zündtemperatur benötigt. Es kommt in der Folge zu explosionsartigen Reaktionen, deren unterschiedlichen Stärken unter anderem über die Flammengeschwindigkeiten, den Explosionsdruck und die Druckanstiegsgeschwindigkeit definiert werden.

Tabelle 16: ***Stöchiometrische Konzentrationen brennbarer Stoffe in Luft. Das stöchiometrische Verhältnis liegt normalerweise in der Mitte zwischen der UEG und der OEG mit einer leichten Verschiebung zur unteren Explosionsgrenze oder anders ausgedrückt: Das stöchiometrische Gemisch liegt in der Regel beim zwei- bis dreifachen Wert der UEG (siehe auch Bild 34).***

	UEG [Vol.%]	**OEG [Vol.%]**	**Stöchiometrische Konzentrationen [Vol.%]**
Acetaldehyd	4	57	7,8
Aceton	2,5	14,3	5
Ameisensäure	10	45,5	29,6
Benzol	1,2	8	2,7
Butanol	1,4	11,3	3,4
Chlorbenzol	1,3	11	2,9
Formaldehyd (wässrige Lösung)	7	73	17,4
Methanol	6	50	12,3
Schwefelkohlenstoff	1	60	6,5
Ethan	2,4	14,3	5,7
Kohlenstoffmonoxid	11,3	76	29,6
n-Butan	1,4	9,4	3,1
Propan (Flüssiggas)	1,7	10,8	4
Schwefelwasserstoff	3,9	50,2	12,3
Wasserstoff	4	77	29,6

5.2.1 Verpuffung – Deflagration – Detonation

Wird ein generell explosionsfähiges Gemisch gezündet, so bildet sich eine **Flammenfront** aus, die sich von der Zündquelle durch das Gemisch ausbreitet. Die **Flammengeschwindigkeit** wird im Wesentlichen durch die Geschwindigkeit der sich ausdehnenden heißen Brandgase bestimmt. Durch die Ausdehnung der heißen Brandgase steigt parallel der Druck, genauer der **Explosionsdruck**, im System mit zunehmend maximaler Geschwindigkeit, der sogenannten **Druckanstiegsgeschwindigkeit**, an. Ist der maximale Explosionsdruck erreicht, fällt die Druckanstiegsgeschwindigkeit nahezu auf null ab. Die sich dabei ausbreitenden Druckwellen erzeugen einen mehr oder weniger heftigen Knall, teilweise in Verbindung mit einem Lichtblitz.

Je nach Flammengeschwindigkeit und Druckwirkung unterscheidet man zwischen den **drei Explosionsarten**

- Verpuffung,
- Deflagration,
- und Detonation.

Verpuffung: Flammengeschwindigkeit unter 1 m/s und Explosionsdruck kleiner 1 bar

Ein Druck von 1 bar entspricht einer Last von zehn Tonnen pro Quadratmeter und reicht aus, Fenster und Türen zu zerstören und irreparable Schäden an Gebäuden herbeizuführen. Verpuffungen entstehen, wenn Luft-Brennstoff-Gemische im Bereich ihrer unteren bzw. oberen Explosionsgrenzen gezündet werden. Es kommt dabei nur zu einer geringen Geräuschentwicklung in Form eines dumpfen Knalls. Als Beispiel sind Verpuffungen von Dampf-Luftgemischen in Werkstätten oder Verpuffungen in Feuerungsanlagen durch Zünden von unverbranntem Brennstoff oder von Kohlenstoffmonoxid bei einer unvollständigen Verbrennung zu nennen.

Bild 36: ***Schäden nach einer Verpuffung in einem Müllschacht***

Bild 37: ***Schäden an einem Wohnhaus, hervorgerufen durch die Verpuffung eines Kraftstoff-Luft-Gemisches.***

Deflagration (gedämmte Explosion oder allgemein nur »Explosion«): Flammengeschwindigkeit ab 1 m/s und kleiner als 330 m/s (unterhalb der Schallgeschwindigkeit) und Explosionsdruck zwischen 1 bar und 14 bar

Wie auch bei der Verpuffung, erfolgt die fortlaufende Zündung des Gemisches durch Wärmeleitung/Wärmeübertragung (siehe auch Kapitel 4.1.3) aus der Reaktionszone auf benachbarte, noch nicht reagierte Teilchen. Dieser Zündmechanismus erklärt, dass die Flammengeschwindigkeit unterhalb der Schallgeschwindigkeit liegt.

Bild 38: ***Deformierte Brandschutztür nach einer Staubexplosion in einem futtermittelverarbeitenden Betrieb***

Lichtblitze und heftige Knallgeräuschen zeichnen Explosionen aus, Teileinstürze sowie Kompletteinstürze von Gebäuden und beträchtliche Schäden in der Umgebung sind die Folge. Explosionen können erfolgen, wenn technische Anlagen falsch bedient werden, chemische Prozesse fehlerhaft laufen, Sicherheitshinweise nicht beachtet werden oder illegale Manipulationen, z. B. an Gasanschlusseinrichtungen in Wohnhäusern, vorgenommen werden.

Bild 39: ***Schäden durch Explosion einer Gashochdruckleitung mit anschließendem Folgebrand***

Detonation: Flammengeschwindigkeit über 330 m/s (oberhalb der Schallgeschwindigkeit) und Explosionsdruck von 10 bar bis weit über 1 000 bar
Im Gegensatz zu Verpuffungen und Deflagrationen erfolgt bei einer Detonation die Durchzündung des Luft-Brennstoff-Gemisches nicht durch Wärmeübertragung, sondern der Druckanstieg wird im System so groß, dass durch die Druckwelle noch nicht gezündete Nachbarbereiche so stark komprimiert werden, dass die dabei entstehende Kompressionswärme zur Zündung führt. Man bezeichnet diesen Vorgang auch als **adiabatische Kompression** (Verdichten eines Luft-Brennstoff-Gemisches bis zum Erreichen der Zündtemperatur). Detonationen werden in der Regel durch die gewollte (z. B. im Bergbau, Tunnelbau, Steinbrüchen) und ungewollte (z. B. Detonation von Munitionslagern wie 2012 im Kongo oder Ammoniumnitratlagern wie 1921 bei der BASF in Ludwigshafen oder 2020 in Beirut) Zündung von Sprengmittel hervorgerufen, wobei Drücke bis 350 000 bar entstehen können. Aber auch ein Acetylen-Sauerstoff-Gemisch detoniert unter den richtigen Voraussetzungen.

Der Vollständigkeit halber sei noch erwähnt, dass Explosionsereignisse auch rein physikalische Ursachen haben können, nämlich dann, wenn in einem geschlossenen Behälter, der mit einer Flüssigkeit oder einem Gas gefüllt ist, eine Druckerhöhung infolge einer starken Erwärmung oder eines technischen Defektes erfolgt. Man spricht hier von **Behälterzerknall oder Druckgefäßzerknall**. Hierzu zählt das Explodieren von Produktionsanlagen, Gasflaschen, Druckkesseln, Tanks, Autoklaven, Boilern und sogar Dampfkochtöpfen. Für Kräfte im Feuerwehreinsatz wird es noch gefährlicher, sobald der Behälter ein brennbares Gas oder eine brennbare Flüssigkeit beinhaltet. Sofern sich der brennbare Stoff entzündet, kommen den Einsatzkräften neben den umherfliegenden Behälterteilen dann auch noch die Hitzewelle und die Flammenfront entgegen, eine Brandausbreitung ist unvermeidlich. Je nach Art und Schwere der Explosion sowie abhängig von dem Abstand von Personen zum Explosionszentrum kommt es zu typischen gesundheitlichen Schäden, wie schweren Verletzungen, Knalltraumata und Verbrennungen. Neben explodierenden und sich entzündenden Druckgasflaschen mit Propan oder Acetylen ist der Vorgang des **BLEVE** zu nennen. Bei einem BLEVE (Boiling Liquid Expanding Vapour Explosion) wird in einem Tank die Gasphase über einem verflüssigten, brennbaren Gas so stark erhitzt, dass durch den Druckaufbau der Behälter aufreißt. Die nun austretende große Gasmenge entzündet sich explosionsartig unter Bildung eines Feuerballs und durch den schlagartig sinkenden Druck verdampfen gegebenenfalls große Teile der im Behälter verbliebenen Flüssigkeit und entzünden sich ebenfalls.

Auch die bei Brandklasse F im Kapitel 3 »Voraussetzung brennbarer Stoff« beschriebene Fettexplosion gehört zu den »physikalischen Explosionen«.

5.2.2 Explosionszonen

Explosionsgefährdete Bereiche werden nach Häufigkeit und Dauer des Auftretens von gefährlichen explosionsfähigen Atmosphären in Zonen unterteilt. Sowohl für Gase, Dämpfe und Nebel als auch für Stäube sind jeweils drei Zonen definiert.

Für Gase, Dämpfe und Nebel gilt nach der Betriebssicherheitsverordnung (BetrSichV) und der Gefahrstoffverordnung (GefStoffV) folgende Aufteilung:

Zone 0: Die Zone 0 ist ein Bereich, in dem eine gefährliche explosionsfähige Atmosphäre als Gemisch aus Luft und brennbaren Gasen, Dämpfen oder Nebeln ständig, über lange Zeiträume oder häufig vorhanden ist. Der Zone 0 sind explosionsgefährdete Bereiche zuzuordnen, bei denen über mehr als 50 % der Betriebsdauer einer Anlage eine explosionsfähige Atmosphäre vorherrscht. Dies ist eigentlich nur im Inneren von Rohren und Behältern der Fall.

Zone 1: Die Zone 1 ist ein Bereich, in dem sich bei Normalbetrieb gelegentlich eine gefährliche explosionsfähige Atmosphäre als Gemisch aus Luft und brennbaren Gasen, Dämpfen oder Nebeln bilden kann. Überschreitet das Vorhandensein einer explosionsfähigen Atmosphäre eine Zeitdauer von etwa 30 Minuten pro Jahr oder tritt diese gelegentlich, zum Beispiel täglich, auf, besteht aber weniger als 50 % der Betriebsdauer der Anlage, so liegt nach allgemeiner Meinung die Zone 1 vor.

Zone 2: Die Zone 2 ist ein Bereich, in dem im Normalbetrieb eine gefährliche explosionsfähige Atmosphäre als Gemisch aus Luft und brennbaren Gasen, Dämpfen oder Nebeln normalerweise nicht auftritt, und wenn doch, dann nur selten und für kurze Zeit. Es besteht allgemeiner Konsens darin, dass der Begriff »kurzzeitig« einer Zeitdauer von etwa 30 Minuten pro Jahr entspricht. Weiterhin wird ausgesagt, dass eine explosionsfähige Atmosphäre bei Normalbetrieb normalerweise nicht zu erwarten ist. Entsteht bereits einmal im Jahr kurzzeitig eine explosionsfähige Atmosphäre, so sollte der betroffene Bereich bereits in Zone 2 eingestuft werden.

Stäube erhalten folgende Zuteilungen:

Zone 20: Die Zone 20 ist ein Bereich, in dem eine gefährliche explosionsfähige Atmosphäre in Form einer Wolke aus in der Luft enthaltenem brennbaren Staub ständig, über lange Zeiträume oder häufig vorhanden ist.

Zone 21: Die Zone 21 ist ein Bereich, in dem sich bei Normalbetrieb gelegentlich eine gefährliche explosionsfähige Atmosphäre in Form einer Wolke aus in der Luft enthaltenem brennbaren Staub bilden kann.

Zone 22: Die Zone 22 ist ein Bereich, in dem bei Normalbetrieb eine gefährliche explosionsfähige Atmosphäre in Form einer Wolke aus in der Luft enthaltenem brennbaren Staub normalerweise nicht oder aber nur kurzzeitig auftritt.

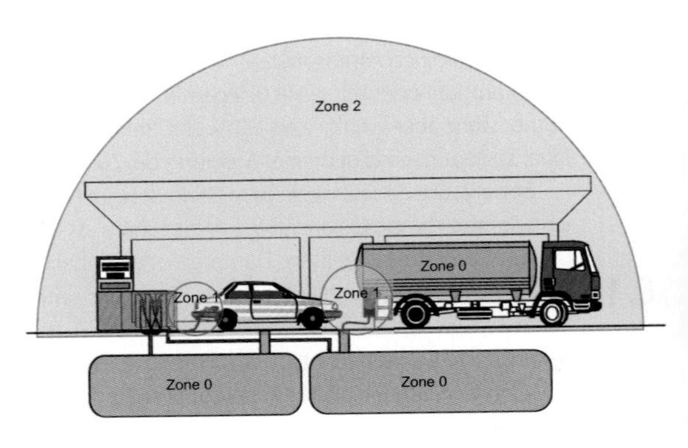

Bild 40: ***Symbolische Darstellung der Zonen von explosionsgefährdeten Bereichen für Gase, Dämpfe und Nebel (Quelle: Roy Bergdoll)***

6 Brandverläufe am Beispiel eines Zimmerbrandes

In diesem Kapitel soll nun versucht werden zu erklären, wie das Zusammenwirken aller für einen Brand notwendigen Voraussetzungen dazu führt, dass es nach Entzündung eines brennbaren Stoffes zu einem Entstehungsbrand und weiter zu einem kompletten Zimmerbrand kommt. Es handelt sich hierbei tatsächlich um einen »Versuch«, denn aufgrund der Komplexität im Zusammenwirken der verschiedenen Brandeinflussgrößen bei Schadfeuern wie Temperatur, Sauerstoffversorgung, Thermik, unterschiedliche Brandmaterialen usw. sind die Verbrennungsvorgänge nie gleich und entsprechen schon gar nicht irgendwelchen Laborbedingungen. Selbst bei kontrollierten Nutzfeuern ist es so gut wie unmöglich, den konkreten Verbrennungsvorgang, die Verbrennungsprodukte selbst sowie alle bei dem Prozess entstehenden Stoffe zu beschreiben. Vorab soll aber noch auf das Phänomen »Brandrauch« näher eingegangen werden.

6.1 Brandrauch

Wie bereits am Anfang des Kapitels 2 angeführt ist, machen brennbare Stoffe, die Kohlenstoff und damit auch Kohlenwasserstoffverbindungen enthalten, nahezu 100 % der Brandeinsätze der Feuerwehr aus. Während die vollständige Verbrennung eines reinen Kohlenwasserstoffes (z. B. Methan) nur unsichtbare Verbrennungsprodukte (Kohlenstoffdioxid und Wasserdampf) entstehen lässt, erzeugt die unvollständige Verbrennung von unterschiedlichen Kohlenwasserstoffverbindungen bei einem Schadfeuer daneben noch weiter feste, flüssige und gasförmige Verbrennungsprodukte – es entsteht dabei der deutlich sichtbare **Brandrauch**.

Bild 41: ***Über Kilometer hinweg sichtbar aufsteigender Brandrauch beim Brand eines kunststoffverarbeitenden Betriebs (Quelle: Marcus Schwetasch)***

Die Variationen der Verbrennungsbedingungen bei einem Schadfeuer lassen zahlreiche Verbrennungsprodukte entstehen – chemische Verbindungen werden im Laufe des Verbrennungsvorgangs »geknackt« und zu verschiedenartigsten neuen Verbindungen wieder zusammengebaut. Dies wird noch komplexer, sobald im brennbaren Stoff Stickstoff-, Schwefel- oder Halogenverbindungen vorkommen. Die Prozesse bei einer unvollständigen Verbrennung erzeugen hochtoxische Stoffe, die die grundlegende Gefährlichkeit des Brandrauches ausmachen. Dazu gehören

- Niedermolekulare Schadstoffe wie kurzkettige Kohlenwasserstoffe und Chlorkohlenwasserstoffe, Isocyanate, Amine, Nitrile, Cyanwasserstoff, Ammoniak, anorganische Schwefelverbindungen, Halogenwasserstoffe, Halogensäuren und andere anorganische Säuren, Aldehyde usw.,
- Aromaten (Benzol, Toluol, Styrol, Phenol) und Halogenaromaten (Chlorbenzol),
- Polycyclische aromatische Kohlenwasserstoffe (PAK, z. B. Naphthalin),
- halogenierte Verbindungen wie chlorhaltige oder bromhaltige Dioxine und Furan (PCDD und PCDF bzw. PBrDD und PBrDF, z. B. das sogenannte »Sewesodioxin« Tetrachlordibenzodioxin) oder polychlorierte Biphenyle (PCB, z. B. Dichlorbiphenyl),
- aliphatische Aldehyde (z. B. Methylacrylaldehyd) usw.

Grundlegend kann man den Brandrauch in:

- feste Bestandteile,
- gasförmige Bestandteile,
- und flüssige Bestandteile aufteilen.

Ruß, Holzkohlepartikel und Flugasche bilden die **festen Bestandteile** des Brandrauchs.

Zu den **gasförmigen Bestandteilen** zählen die bei der Verbrennung entstandenen Sauerstoffverbindungen (Oxide wie Kohlenstoffdioxid und -monoxid, Schwefeloxide, Stickoxide), Wasserdampf sowie die oben angeführten zahlreichen Pyrolyseprodukte.

Flüssige Bestandteile des Brandrauches schlagen sich in Form von Tröpfchen als Kondensat auf Ruß- und Aschepartikel nieder. Hierzu gehören Flüssigkeiten und niedermolekulare Feststoffe mit einem geringen Dampfdruck wie teerartige Verbindungen, Halogenverbindungen und aromatische Verbindungen (Benzole, Phenole, Diphenylether, Biphenyle). Je nach Flüchtigkeit »dampfen« diese Stoffe auch nach dem eigentlichen Brandereignis über einen längeren Zeitraum weiter aus und bilden aufgrund ihrer zum Teil nicht zu unterschätzenden Toxizität eine erhebliche Gesundheitsgefahr in der Nachlöschphase und während Aufräumarbeiten.

Bestandteile dieser unterschiedlichen Gruppen sorgen, je nach anteiligem Auftreten im Brandrauch, auch für dessen Färbung. Rußpartikel (schwarz), Wasserdampf (weiß) und Schwelgase (gelblich oder grünlich) sorgen für unterschiedliche Färbungen und ermöglichen es so den Einsatzkräften, den Brandrauch »zu lesen«. Neben der Farbe des Brandrauchs sind dessen Dichte, dessen Druck bzw. Ausströmgeschwindigkeit und das Volumen Schlüsselfaktoren, um den Brandrauch und damit auch die zu erwartende Brandphase beurteilen zu können. Weitere Informationen erhält man anhand der Schichtung des Brandrauches, der Flammenfärbungen und der Wärmeverteilung innerhalb von Räumlichkeiten. Das Zusammenspiel ist recht komplex, da alle Anzeichen im Zusammenhang stehen und bewertet werden müssen. Auszugsweise seien hier nur ein paar Beispiele angeführt, welche Rückschlüsse man ziehen kann. Im späteren Beispiel werden konkret Situationen beschrieben.

- Anhand des Rauchvolumens kann man den Brandfortschritt erkennen und feststellen, wie viel Brennstoff bereits ausgegast hat.
- Eine helle Rauchfärbung zeigt die Entstehung von Pyrolysegasen an, dunkler Rauch bedeutet, dass der Brand schon weit fortgeschritten ist oder hohe Anteile an Kunststoffe verbrennen.
- Die Dichte des Brandrauches gibt einen Hinweis auf die Qualität der Verbrennung und ggf. auf den vorhandenen Brennstoff. Weiterhin kann man das Stadium und die mögliche Intensität einer Brandausbreitung abschätzen.
- Schnell austretender Rauch besitzt in der Regel eine hohe Temperatur, langsam austretender Rauch wird aufgrund einer allgemein starken Rauchentwicklung nach außen gedrückt.
- Abplatzungen, Rissbildungen z. B. an Fenstern, Rußablagerungen und Verfärbungen, Verformungen sowie geschmolzene, verbrannte und verkohlte Teile lassen Rückschlüsse auf die vorhandene Wärme zu.
- Ein Absinken der Rauchschicht deutet darauf hin, dass sich der Brand intensiviert, ein Heben der Rauchschicht ist z. B. an Anzeichen dafür, dass Lüftungsmaßnahmen greifen.

Bild 42: ***Unterschiedlich gefärbter Brandrauch lässt auf die verschiedenen Bestandteile schließen und gibt Hinweise auf mögliche Brandvorgänge.***

6.2 Brandverläufe eines Zimmerbrandes

6.2.1 Die Phase der Entzündung

In einer Wohnküche eines Reihenmittelhauses kommt es aufgrund eines technischen Defektes zu einem Kurzschluss bei einem in der Küchenzeile eingebauten Kühlschrank. Die Energie des elektrischen Funkens reicht aus, um verbautes Isoliermaterial über seine Mindestverbrennungstemperatur zu erhitzen. Das Isoliermaterial beginnt aufgrund ungenügender Sauerstoffzufuhr am Einbauort des Materials zu glimmen und setzt anfangs aufgrund der niedrigen Verbrennungstemperatur sehr wenige Pyrolysegase frei. Die anfängliche hellgraue Rauchfärbung weist auf die unvollständige Verbrennung mit einem geringen Rußanteil und einem noch hohen Wasserdampfanteil hin. Da niemand im Haus ist, wird der Kurzschluss nicht bemerkt.

Bild 43: ***Ein Kurzschluss in der elektrischen Installation als möglicher initialer Beginn eines Wohnungsbrandes***

6.2.2 Die Phase des Entstehungsbrandes

Da es sich um einen Einbaukühlschrank handelt, der nur den vorgeschriebenen Mindestabstand zur Wand einhält und lediglich in der oberen Abdeckplatte der Küchenzeile ein Lüftungsgitter besitzt, kann die entstehende Reaktionswärme nicht gut abgeführt werden. Der Wärmestau führt dazu, dass das Isoliermaterial vermehrt schwelt und sich weiter Pyrolysegase bilden, die sich unter der Abdeckplatte sammeln, zum Teil über das Lüftungsgitter entweichen und die Wand dahinter grau färben.

Ab einer Temperatur von etwa 90 °C an der Rückwand des Kühlschranks erweichen erste Kunststoffeile und es verziehen sich Bauteile des Kühlschranks, womit vermehrt Sauerstoff das Isoliermaterial erreicht und die ersten kleinen Flammen entstehen. Folglich steigt die Temperatur im Rückwandbereich weiter an. Immer mehr Pyrolysegase werden gebildet und die direkte Beflammung lässt weitere Bauteile ausgasen, bevor auch diese anfangen zu brennen. Der Brandrauch wird zunehmend dunkler, die Rußanteile und auch die Anteile an unverbrannten Pyrolyseprodukten nehmen aufgrund der unvollständigen Verbrennung zu. Das System schaukelt sich nun langsam weiter hoch. Mit steigender Temperatur schmelzen und zersetzen sich weitere Kunststoffteile und die thermische Aufbereitung des verbauten Holzes kommt ab einer Temperatur von 130 °C langsam in Gang. Die Flammenintensität im hinteren Bereich der Küchenzeile nimmt weiter zu. Unverbrannte dunkelgraue Schwelgase quellen mittlerweile unter Druck aus Ritzen und Spalten sowie aus Schubladen und Schränken und sammeln sich unter der Decke, ab etwa 400 °C beginnt auch das Holz der Küchenzeile zu brennen.

Wie sich nun dieser Entstehungsbrand weiterentwickelt, hängt von unterschiedlichen Faktoren ab, die in den nachfolgenden Varianten betrachtet werden. Gleich ist den Varianten, dass sich über die Zeit immer mehr heiße Schwelgase unter der Decke der Wohnküche sammeln und die Temperaturen unterhalb der Zimmerdecke zuerst langsam und dann aber merklich ansteigen lassen. Gleichzeitig erfolgt durch das zunehmende Rauchvolumen ein Druckaufbau in der Wohnküche und die Konzentration der brennbaren Pyrolyseprodukte wandert immer mehr in Richtung der unteren Explosionsgrenze.

In **Variante 1** verhindern offene Zimmertüren und die Branderkennung durch Hausrauchmelder den voll entwickelten Brand. Mit der Zeit schichtet sich immer mehr Rauch unter der Decke und die Grenze der Rauchschicht wandert nach unten, bis sich die Brandgase über offene Türen in andere Räume verteilen können. Diese weitläufige Verteilung in andere Bereiche des Hauses führt unter anderem dazu, dass die untere Explosionsgrenze der Rauchgase nicht erreicht wird und ebenso eine Wärmeabfuhr aus dem Brandraum stattfindet. Die Rauchmelder im Schlafzimmer und im oberen Bereich des Treppenraums detektieren irgendwann den Brandrauch und fangen an zu piepsen. Bewohner der Nachbarhäuser bemerken das Auslösen, entdecken von außen die Rauchentwicklung und die Flammen im Bereich der Küchenzeile und alarmieren die Feuerwehr. Den Einsatzkräften gelingt es durch die richtigen taktischen Maßnahmen zügig eine Entlüftungsöffnung zu schaffen, mit entsprechenden Ventilationsmaßnahmen zu beginnen und den Brand schnell zu löschen. Der Übergang von einem Entstehungsbrand zu einem voll entwickelten Brand wurde somit verhindert.

Bild 44: ***Rauch und Rußniederschlag in einem Esszimmer, hervorgerufen durch einen Entstehungsbrand im Nachbarzimmer. Nachbarn wurden durch einen Hausrauchmelder auf den Brand aufmerksam.***

6.2.3 Der Übergang zu einem Vollbrand – die Rauchdurchzündung

In der hier beschriebenen **Variante 2** führt eine eingeschränkte Wärmeabfuhr vom Entstehungsbrand zur Phase des voll entwickelten Brandes. Auch in dieser Variante schichtet sich mit der Zeit immer mehr Rauch unter der Decke und die Grenze der Rauchschicht, die sogenannte neutrale Zone, wandert nach unten, allerdings verhindern die geschlossenen Zimmertüren größtenteils die Rauchausbreitung in die anderen Räume der Wohnung.

Die Temperaturen unter der Decke erreichen aufgrund des Wärmestaus mittlerweile 600 °C, der Verputz zeigt erste Risse. In der Wohnküche kann man eine klare Schichtung des Rauches ausmachen. Im oberen Teil weist die dunkelschwarze Färbung auf einen hohen Rußgehalt und einen sehr hohen Anteil an unverbrannten Gasen hin, deren Konzentrationen immer noch unterhalb der unteren Explosionsgrenze liegen. Da der Raum den Rauch einschließt, baut sich ein Überdruck auf, der zum Teil durch Tür- und Fensterspalten, Rollladenkästen sowie die Abluftleitung der Dunstabzugshaube abgebaut wird. Der Rauch verteilt sich nun etwas schneller in der Wohnküche und ist mittlerweile auch im Außenbereich des Hauses zu sehen. Im Bodenbereich der Wohnküche entsteht eine Unterdruckzone, hier wird Luft durch Spalten und Ritze in den Brandraum gezogen und versorgt den Brandraum mit ausreichend Sauerstoff – man spricht hier von einem **ventilierten Brand**.

Nach und nach senkt sich die schwarze und heiße Rauchschicht immer weiter nach unten und es wird aufgrund der Wärmestrahlung immer heißer in der Wohnküche, mit jeder Verdoppelung der Temperatur steigt die Strahlungsintensität um das Neunfache. Die Raufasertapete verfärbt sich und beginnt, Pyrolyseprodukte freizusetzen, ebenso Bilder und Kalender an den Wänden. Es folgen weitere Einrichtungsgegenstände und Bauelemente wie Hängeschränke, Fensterrahmen und Rollladenkästen, dann die Küchenarbeitsplatte aus Holz,

Türzargen und Türblätter sowie Kaffeemaschine, Plastikschüsseln oder Wasserkocher. Da das Wohnzimmer von der Küche baulich nicht getrennt ist, fangen auch hier mehr und mehr Einrichtungsgegenstände und Bauelemente an auszugasen – der Wohnzimmerschrank, Türen, Fenster, der Esstisch sowie die Stühle, das Sofa, Bücher usw. – mit Halbierung des Abstands der heißen Rauchschicht zu Gegenständen vervierfacht sich die auf sie wirkende Intensität der Wärmestrahlung. Die Konzentration an brennbaren Gasen, vor allem im unteren Drittel der Rauchschicht, wo eine gute Durchmischung mit Sauerstoff stattfindet, erreicht an einigen Stellen die untere Explosionsgrenze.

Der Kühlschrank und die ihn umgebenden Teile der Küchenzeile brennen nun zunehmend mit kurzen, unruhigen und schnell flackernden Flammen. Die gelben bis weißlichen Flammenfarben in direkter Brandherdnähe weißen auf Brandtemperaturen von 800 °C bis 1 000 °C hin. Die Temperaturen unter der Decke betragen mittlerweile zwischen 600 °C und 1 000 °C, in Schulterhöhe etwa 300 °C und 180 °C in Bodennähe.

Der aus Türen, Fenstern und der Abluftöffnung der Dunstabzugshaube austretende dichte schwarze Rauch sowie das Piepsen der mittlerweile ausgelösten Hausrauchmelder macht Passanten und Nachbarn auf den Brand aufmerksam, die daraufhin die Feuerwehr alarmieren. Kurz nach dem Absetzen des ersten Notrufes deuten in der Wohnung dunkelrote Färbungen im Brandrauch und vereinzelte Flammenzungen darauf hin, dass die nächste Brandphase kurz bevorsteht.

Bild 45: ***An diesem Regal mit CD bzw. DVD lässt sich gut erkennen, wie die Intensität der Wärmeeinwirkung im Brandraum nach unten abnimmt.***

Die mittlerweile ausreichend vorhandene Wärmeenergie, entstanden aus dem Wärmestau unter der Decke und der Wärmestrahlung von den Flammen der brennenden Küchenzeile, sowie das richtige Mischungsverhältnis des Gas-Luft-Gemisches reichen nun aus, dass der Brandrauch in Sekunden schlagartig durchzündet, es kommt zur sogenannten **Rauchdurchzündung** bzw. **Rauchgasdurchzündung**. Das Feuer erfasst nun alle thermisch aufbereiteten Bauelemente und Einrichtungsgegenstände, so dass nun auch innerhalb von Sekunden diese Gegenstände zu brennen anfangen und die Wohnküche mit Temperaturen von 600 °C bis 1 000 °C in Vollbrand steht. Mit diesem Feuersprung ist der Übergang vom Entstehungsbrand zum voll entwickelten Brand erfolgt, der sogenannte **Flash-over** hat stattgefunden.

Bis zum Eintreffen der ersten Feuerwehreinheiten platzen die Fensterscheiben des Brandraumes und mit dem teilweisen Durchbrennen der Zimmertüren breitet sich das Feuer in die Nachbarräume aus. Die thermische Aufbereitung und weiter das Zünden von Bauelementen und Einrichtungsgegenständen beginnt von vorne. Durch Konvektionsvorgänge sammeln sich über den Treppenraum hinweg heiße Brandgase im ausgebauten Dachgeschossbereich. Aus dem Küchenfenster schlagen Flammen und durch Wärmestrahlung, Wärmeströmung und an einigen Teilen auch Wärmeleitung, werden die über dem Küchenfenster liegenden Fenster sowie die Dachtraufe thermisch aufbereitet, ein Feuerüberschlag auf das Obergeschoss und das Dachgeschoss droht, gegebenenfalls sogar auf das Nachbargebäude. Um dieser Lage Herr zu werden, ist ein gezielter Außenangriff und ein umfangreicher Innenangriff notwendig.

Bild 46: ***Durchgebrannte Wohnungstür nach einem Flash-over***

Bild 47: ***Voll entwickelter Zimmerbrand mit bereits erfolgtem Feuerüberschlag auf das darüberliegende Geschoss und Teile der Dachtraufe***

Wären Einsatzkräfte vor dem Zeitpunkt des Flash-over schon vor Ort gewesen, hätten – zusammengefasst – folgende Anzeichen auf einen bevorstehenden Flash-over hingewiesen:

- ein schnelles und druckvolles Austreten von dichtem, schwarzem und heißem Rauch aus Gebäudeöffnungen;
- von außen sichtbare Rissbildungen an Glasscheiben mit Verrußungsspuren auf der Innenseite vor allem im oberen Bereich des Fensters;
- erste abgeplatzte Putzteile auf dem Boden im Brandzimmer;

Bild 48: ***Als Folge eines intensiven Wohnungsbrands zeigt das Bild die übrig gebliebenen Stahlteile einer über alle Geschosse komplett abgebrannten Holztreppe.***

- eine hohe Brandlast in Form von Einrichtungsgegenständen aus Holz oder Kunststoff;
- aufsteigende weißgraue Pyrolysegase von Einrichtungsgegenständen und Bauelementen;
- eine deutliche Verkohlung von Einrichtungsgegenständen und Bauelementen knapp unterhalb der Rauchschicht;
- ein relativ weit entwickeltes Stützfeuer, welches den Raum noch nicht erfasst hat;
- meist eine deutliche Schichtung des Brandrauches;

- eine zunehmend schneller absinkende Rauchschicht verbunden mit einem plötzlichen Temperaturanstieg;
- Flammenzungen an der Decke bzw. teilweise rötliche Färbungen im Brandrauch.

6.2.4 Der verzögerte Übergang zu einem Vollbrand – die Rauchgasexplosion

In der nun beschriebenen **Variante 3** zögert eine eingeschränkte Sauerstoffzufuhr den Übergang vom Entstehungsbrand zur Phase des voll entwickelten Brandes hinaus. Das Szenario bleibt das Gleiche, jedoch ist das Reihenhaus energetisch ertüchtigt worden. Dämm- und Isolationsmaßnahmen wurden vorgenommen, Fenster mit Dreifachverglasung wurden eingebaut ebenso auch einigermaßen dicht schließende Türen. Dies hat im Wesentlichen zur Folge, dass kein Sauerstoff in den Brandraum nachströmen kann. Der Vorgang der Brandentstehung nimmt wie zuvor beschrieben so lange den gleichen Verlauf bis der Luftsauerstoff im Brandraum soweit abgenommen hat, dass das Feuer an Intensität verliert und in einen Schwelbrand übergeht – man bezeichnet dies als einen **unzureichend ventilierten Brand**.

Da auch keine Rauchgase und somit auch keine Wärmeenergie aus der Wohnküche entweichen können, setzt sich die thermische Aufbereitung trotz Verlöschen der Flammen weiter fort, zumal durch den Schwelvorgang weiter Energie freigesetzt wird. Die Wohnküche ist immer noch thermisch soweit aufbereitet, dass Bauelemente und Einrichtungsgegenstände weiter Pyrolysegase abgeben und mit den unvollständigen Verbrennungsprodukten des Schwelvorgangs füllt sich der Raum mehr und mehr mit dunkelschwarzen Brandgasen. Dabei durchwandert die Konzentration der brennbaren Gase ihren kompletten Explosionsbereich über die obere Explosionsgrenze hinaus, es bildet sich im Brandraum ein zu fettes Gemisch, ein Zünden ist trotz ausreichend hoher Zündtemperatur nicht möglich.

Da die Schwel- und Glimmtemperaturen unter den eigentlichen Brandtemperaturen liegen, sinkt im Laufe der Zeit die Brandraumtemperatur jetzt ab und es entsteht – ähnlich wie bei dem Abkühlen einer heißen Flüssigkeit in einer Thermosflasche – ein Unterdruck in der Wohnküche. Tritt jetzt der seltene Fall ein, dass alle Fenster und Türen dem Brand standhalten, es zu keinem Versagen von Bauteilen kommt, die Hausrauchmelder den Brand nicht detektieren und die Wohnung in nächster Zeit nicht betreten wird, so kann das Feuer tatsächlich irgendwann ganz verlöschen. Übrig bleibt eine komplett schwarz verrußte und zerstörte Wohnküche.

Im vorliegenden Fall bilden sich aber an der nicht richtig eingebauten Tür zum Treppenraum im Bereich der Zarge einige Risse, durch welche in der Überdruckphase des Entstehungsbrandes Brandrauch in den Treppenraum dringt. Nach einiger Zeit detektiert der Hausrauchmelder im oberen Bereich des Treppenraums den Brandrauch und gibt Alarm. Nachbarn, die den Alarm hören, können jedoch anfangs nichts entdecken, da bedingt durch die Bauweise und den mittlerweile herrschenden Unterdruck in der Wohnküche außen nichts sichtbar ist. Selbst der Rollladen des Küchenfensters, der nach dem temperaturbedingten Versagen des Rollladengurts heruntergefallen ist, wird anfangs ignoriert. Da das eindringliche Piepsen aber nicht aufhört, entschließt man sich, den Notruf zu wählen. Kurz vor Eintreffen der Feuerwehr erkennen Nachbarn auf der Rückseite des Gebäudes die komplett verrauchte Wohnküche und beginnen besseren Wissens die Verandatür einzuschlagen.

Zu diesem Zeitpunkt ist die Lage in der Wohnküche immer noch kritisch und instabil – im Bereich der Brandentstehung an der Küchenzeile befinden sich noch zahlreiche Glutnester, die Konzentration der brennbaren Gase liegt über der oberen Explosionsgrenze, es herrscht ein Unterdruck im Brandbereich und die Raumtemperatur liegt immer noch weit über 100 °C. Durch das Einschlagen der Verandatür strömt nun bedingt durch den Unterdruck schlagartig Luft und damit Sauerstoff ein und verwirbelt sich mit den brennbaren Gasen. Dabei fällt die Gaskonzentration unter die obere Explosionsgrenze und mit Erreichen des Explosionsbereiches entzündet sich das Gas-Luft-Gemisch an vorhandenen Glutnestern. Da nun die gesamten Rauchgase auf einen Schlag explosionsartig durchzünden, nennt man diesen Vorgang **Rauchgasexplosion** oder **Backdraft**.

Die Rauchgasexplosion ist gegenüber dem Flash-over um ein Vielfaches heftiger. Im Brandraum bildet sich ein riesiger Feuerball und meterlange Stichflammen schlagen aus der Zuluftöffnung. Der sich bildende Überdruck kann so stark sein, dass Fenster und Türen mitsamt ihren Rahmen aus den Verankerungen gerissen werden, Zimmerwände massiv zerstört werden, tragende Wände Risse zeigen und Dachflächen abgedeckt oder sogar teilweise angehoben werden.

Bild 49: ***Die nach einer Rauchgasexplosion in der Erdgeschosswohnung auftretenden Stichflammen und der nachfolgende massive Wohnungsbrand führten zu einer Brandausbreitung über vier Geschosse.***

Für die eintreffenden Einsatzkräfte ist die Gefahr der Rauchgasexplosion nun nicht mehr gegeben, welche Maßnahmen bei dieser Lage jetzt alle abzuarbeiten sind, kann sich jeder Feuerwehrangehörige selbst ausmalen. Erreicht die Feuerwehr jedoch die Einsatzstelle bevor es den Nachbarn gelingt, die Verandatür einzuschlagen, ist es für den weiteren Einsatzverlauf essentiell wichtig, die Hinweise auf einen drohenden Backdraft zu erkennen

Anzeichen von außen sind:

- das Objekt besitzt eine hohe Isolationsqualität;
- alle Fenster und Türen sind geschlossen;
- die Fenster sind rußgeschwärzt und teilweise mit einem öligen Kondensat beschlagen;
- durch Fenster ist im Inneren ggf. eine starke Verrauchung aber kein offenes Feuer zu erkennen;
- es ist außen keine Rauchentwicklung sichtbar;
- es liegt ein abgeschlossener oder abgetrennter Brandbereich vor, in dem eine hohe Brandlast in Form von Einrichtungsgegenständen aus Holz oder Kunststoff vermutet wird.

Anzeichen im Inneren sind:

- Der aus Türspalten oder anderen kleine Öffnungen ggf. pulsierend austretende Rauch hat eine ungewöhnlich gelbliche Farbe und entzündet sich teilweise beim Vermischen mit Luft spontan.
- An schmalen Lücken und Haarrissen im Türbereich bilden sich ölig-tropfende schwarz-braune Ablagerungen.
- Die Türblätter, Beschläge und Klinken sind spürbar erwärmt bis heiß.

- Beim Öffnen von Türen wird sichtbar Luft in den Raum eingesogen.
- Im Brandraum herrschen sehr hohe Temperaturen, ein Feuer ist jedoch nicht sichtbar.

Abschließend soll noch der Vorgang des **pulsierenden Rauchaustritts** geklärt werden. Wie zuvor beschrieben, steigen mit fortschreitender Verbrennung die Raumtemperaturen und auch das Rauchvolumen an, der Druck im Raum wächst und der Sauerstoffgehalt sinkt. Mit zunehmend steigender Temperatur könne Bauteile und Bauelemente beeinträchtigt werden. Rollladenkästen oder Fensterlaibungen zeigen Risse und Türen schließen nicht mehr komplett ab, weshalb Rauchgase aufgrund des Überdrucks innerhalb des Raums in geringen Mengen entweichen können. Auch kann sich beispielsweise die Rückschlagklappe in der Abluftleitung der Dunstabzugshaube verziehen oder verklemmen. Kommt es nun bei einem unzureichend ventilierten Brandereignis zur Reduktion des Sauerstoffs, verringert sich der Verbrennungsvorgang, es sinkt die Brandtemperatur und somit auch die Raumtemperatur. Der sich bildende Unterdruck saugt nun über entstandene Risse, über Türspalten oder über die in ihrer Funktion eingeschränkte Rückschlagklappe der Dunstabzugshaube Luft in den Brandraum. Dadurch erhöht sich in kleinen Bereichen die Sauerstoffkonzentration, der Verbrennungsvorgang kommt wieder in Teilen in Gang, die Temperatur steigt erneut an und das Rauchvolumen nimmt wieder zu. Ein Druckanstieg im Raum ist die Folge und es entweichen erneut geringe Mengen an Rauchgase nach außen, bis mit Aufbrauchen des Sauerstoffs der Vorgang wieder von neuem beginnt.

Dieses Pulsieren oder Atmen eines unzureichend ventilierten Brandes kann man in der Regel gut erkennen und je nach Stärke teilweise als pfeifendes oder grummelndes Geräusch auch hören.

Wie man nun so einem Wohnungsbrand, aber auch anderen Bränden, mit geeigneten Löschmitteln entgegnen kann, wird in den folgenden beiden Kapiteln beschrieben.

7 Löschen

In diesem Kapitel werden die wichtigsten Löschverfahren und Löschmittel vorgestellt und erläutert. Es sei bereits im Vorfeld darauf hingewiesen, dass im Rahmen diesen Roten Heftes die Themenfelder Löschverfahren und Löschmittel nicht in aller Tiefe behandelt werden können. Vielmehr werden die Grundlagen angerissen, um eine breite Basis für das fachliche Grundwissen rund um die Thematik Löschen zu vermitteln.

7.1 Löschverfahren

Bereits im ersten Kapitel »Verbrennen« wurden die notwendigen Voraussetzungen für den chemischen Vorgang des Verbrennens genannt.

Diese Vorbedingungen sind:

- brennbarer Stoff,
- Sauerstoff,
- richtige Mischungs- bzw. Mengenverhältnis,
- Zündtemperatur/Zündenergie.

Löschen bedeutet letztendlich das Unterbrechen des Verbrennungsprozesses, indem auf eine der oben angeführten Voraussetzungen wärmeentziehend, trennend, chemisch oder physikalisch eingewirkt wird. Daraus resultieren die drei bekannten Möglichkeiten der Brandbekämpfung

- **Löschen durch Abkühlen** durch Abführen der Wärme,
- **Löschen durch Ersticken** durch Trennen von brennbarem Stoff und Sauerstoff,
- **Löschen durch Inhibieren** durch Einwirken auf die chemische Reaktion und die Reaktionspartner.

Eine »Löschmethode«, die nicht ganz in dieses Schema passst ist das

- **Löschen durch Beseitigen** durch Entfernen des brennbaren Stoffes,

aber auch diese Methode ist eine wirksame Art der Brandbekämpfung. Wie die Löschmethoden auf die einzelnen Voraussetzungen eines Verbrennungsvorgangs einwirken, ist in den folgenden Abschnitten erläutert.

7.1.1 Löschen durch Beseitigen

Die sicherlich einfachste und effektivste Art des Löschens ist das Einwirken auf den brennbaren Stoff, indem man ihn einfach beseitigt und somit dem Feuer die notwendige Nahrung entzieht. Dies ist vor allem bei einem Entstehungsbrand für diejenige Person interessant, die das Feuer entdeckt und beispielsweise das angebrannte Essen auf den Balkon bringt oder den glimmenden Adventskranz in das Waschbecken oder die Spüle stellt. Aber auch Feuerwehrkräfte können noch durch Wegräumen von Gegenständen, Abschiebern von Ventilen und Verschließen von Absperrorganen (z. B. Abstellen einer Gaszufuhr) brennbare Stoffe dem Wirkungskreis des Feuers entziehen oder eine weitere Zufuhr an brennbarem Stoff unterbinden. Das Schlagen von Schneisen bei einem Waldbrand oder das Legen von Gegenfeuern beruht auf dem gleichen Prinzip, das Feuer erlischt schließlich eigenständig mangels Masse an Brennstoff.

Merke:

Löschen durch Beseitigen → Einwirkung auf den brennbaren Stoff

7.1.2 Löschen durch Abkühlen

Beim Löschen durch Abkühlen wird dem Brandgut so viel Wärmeenergie entzogen, bis zum einen die Mindestverbrennungstemperatur unterschritten und zum andern der Pyrolysevorgang des brennbaren Stoffes unterbunden ist, so dass sich keine weiteren brennbaren Gase bilden können. Das Löschen durch Abkühlen bietet sich vor allem bei glutbildenden Stoffen an. Glutbildende Stoffe werden der Brandklasse A zugeschrieben. Als zielführendes und wirkungsvollstes Löschmittel hat sich Wasser aufgrund seines hohen Wärmebindungsvermögens beim Erwärmen und Verdampfen herausgestellt (siehe auch Kapitel 8.1).

Merke:

Löschen durch Abkühlen → Einwirkung auf Zündtemperatur/Zündenergie (eigentlich: Einwirkung auf die Mindestverbrennungstemperatur) und Einwirkung auf den brennbaren Stoff

7.1.3 Löschen durch Ersticken

Löschen durch Ersticken zeigt sich insbesondere bei flammbildenden Stoffen als zweckmäßig. Hierunter fallen die Brandklasse B (brennbare Flüssigkeiten) sowie die Brandklasse C (brennbare Gase). Aber auch Brände von glutbildenden Stoffen der Brandklassen A und D können durch den Einsatz des richtigen Löschmittels erstickt werden. Die erstickende Löschwirkung kann durch Trennen, Verdünnen oder Abmagern erzielt werden. Hierdurch werden jeweils die richtigen Mengenverhältnisse aus Sauerstoff und Brennstoff gestört, so dass der chemische Vorgang der Verbrennung zum Erliegen kommt.

Ersticken durch Trennen

Beim Ersticken durch Trennen wird das Zusammenkommen des Brennstoffs mit dem notwendigen Sauerstoff verhindert. Dies geschieht beispielsweise beim Ablöschen einer brennenden Flüssigkeit mittels Schaums. Hierbei bildet der Schaum eine trennende Schicht zwischen dem Brandgut und dem Sauerstoff der Umgebungsluft was letzten Endes zum Ersticken des Brandes führt. Löschpulver für die Brandklassen A und D bilden teilweise ebenfalls eine undurchlässige Schicht über dem Brandgut und ersticken den Brand.

Ersticken durch Verdünnen/Verdrängen

Das Ersticken durch Verdünnen/Verdrängen wird durch die Herabsetzung des Sauerstoffgehalts von rund 21 Volumenprozent (21 Vol.-%) in der Umgebungsluft auf in der Regel unter 15 Volumenprozent (15 Vol.-%) erreicht. Nur in wenigen

Ausnahmefällen müssen noch niedrigere Werte der Sauerstoffkonzentration erzielt werden. Hierfür ist es notwendig, das Luftvolumen um mindestens ein Drittel mittels eines geeigneten Löschgases zu verdünnen. In der Praxis werden hierzu noch Sicherheitszuschläge an Löschmittel einkalkuliert. So gilt als Faustformel beispielsweise in der Verwendung von Kohlenstoffdioxid (CO_2) als Löschmittel, dass je Kubikmeter Raumvolumen ein Kilogramm Löschmittel notwendig ist. Dies entspricht einer Löschmittelkonzentration von ca. 50 Prozent.

Ersticken durch Abmagern

Ersticken durch Abmagern tritt dann ein, wenn eine brennbare Flüssigkeit unter ihren Flammpunkt abgekühlt wird. Hierdurch werden die Brennstoffdämpfe soweit abgemagert, dass Löschen durch Ersticken eintritt. Hierbei ist zwingend zu beachten, dass nicht das Löschverfahren »Abkühlen« angewandt wird. Je höher der Flammpunkt einer Flüssigkeit ist, desto leichter ist die Erzielung des Löscherfolgs durch Abmagern.

Merke:

Löschen durch Ersticken → Einwirkung auf Sauerstoff (Trennen), das Mengen- bzw. Mischungsverhältnis (Verdünnen/Verdrängen) und den brennbaren Stoff (Abmagern)

7.1.4 Löschen durch Inhibition

Bei der Inhibition, auch als **antikatalytischen Löschwirkung** bezeichnet, greift das Löschmittel direkt auf molekularer Ebene in den Verbrennungsvorgang ein und erzielt somit den Löscherfolg. Das Löschmittel verdrängt hierbei nicht den Sauerstoff, sondern unterbricht lediglich die Reaktion des Brennstoffs mit dem Sauerstoff auf chemischer und physikalischer Ebene. Dieser Vorgang wird häufig als »inneres Ersticken« bezeichnet. Man unterscheidet dabei zwischen der heterogenen Inhibition und der homogenen Inhibition.

Heterogenen Inhibition

Verbrennungsreaktionen sind hochkomplexe Kettenreaktionen, bei denen chemische Verbindungen geknackt, umgewandelt und neu zusammengesetzt werden, um sich dann erneut zu verändern. Auf diese Zwischenglieder einer Verbrennungsreaktion wirken Löschmittel mit Inhibitionseffekt ein. Bei der heterogenen Inhibition wird die Kettenreaktion unterbrechende Löschwirkung dadurch hervorgerufen, dass ein Löschmittel mit einer großen spezifischen (kühlen) Oberfläche der Reaktion so viel Energie entzieht, dass sie zum Erliegen kommt – man spricht hier vom sogenannten Wandeffekt. Die heterogene Inhibition ist die klassische Wirkungsweise von Löschpulvern.

Homogene Inhibition

Bei der homogenen Inhibition zersetzt sich das eingebrachte Löschmittel thermisch in kettenreaktionsunterbrechende Stoffe (sogenannte Radikale), die sich quasi an die Zwischenglieder einer Verbrennungsreaktion heften und eine Weiterreaktion unterbinden. Die homogene Inhibition ist die klassische Wirkungsweise bei der Verwendung von Halonen als Löschmittel.

Merke:

Löschen durch Inhibition → Einwirkung auf Sauerstoff, das Mengen- bzw. Mischungsverhältnis und den brennbaren Stoff

Merke:

Glutbildende Stoffe müssen abgekühlt und flammbildende Stoffe erstickt werden, um einen adäquaten Löscherfolg herbei zu führen.

8 Löschmittel

Im Kapitel »Löschmittel« werden die wichtigsten Löschmittel verknüpft mit ihrer Löschwirkung und ihrer Anwendung kurz und prägnant vorgestellt. Eine Übersicht der wichtigsten Löschmittel und deren Primäreinsatz zeigt Tabelle 17:

Tabelle 17: ***Übersicht der wichtigsten Löschmittel und deren Primäreinsatz***

Löschmittel	Brandklasse						Löschwirkung
	A	B	C	D	E	F	
Wasser	✓	(✓)	(✓)	✗	(✓)	✗	**Abkühlen**
Netzmittel	✓	(✓)	(✓)	✗	(✓)	✗	**Abkühlen**
Schaum	✓	✓	(✓)	✗	✗	✓	**Ersticken**
Schwerschaum	✓	✓	(✓)	✗	✗	(✓)	Ersticken u. Abkühlen
Mittelschaum	✓	✓	(✓)	✗	✗	(✓)	Ersticken u. Abkühlen
Leichtschaum	✓	✓	✗	✗	✗	(✓)	Ersticken
Fettlöschmittel	✓	✓	✗	✗	✗	✓	Ersticken
Löschpulver	(✓)	✓	✓	(✓)	(✓)	✗	**Ersticken**

Tabelle 17: ***Übersicht der wichtigsten Löschmittel und deren Primäreinsatz – Fortsetzung***

Löschmittel	Brandklasse						Löschwirkung
	A	B	C	D	E	F	
BC-Pulver	✗	✓	✓	✗	✓	✗	Antikatalytisch
ABC-Pulver	✓	✓	✓	✗	✗	✗	Antikatalytisch + Trennen
D-Pulver	✗	✗	✗	✓	✗	✗	Trennen
Kohlen-Stoff-dioxid CO_2	✗	✓	✓	✗	✓	✓	**Ersticken**

Zeichenerklärung:
✓ geeignetes Löschmittel
(✓) bedingt geeignet, Umstände prüfen
✗ ungeeignet, u. U. Gefahr!

8.1 Wasser/Netzmittel

Wasser gilt als das klassische und oft wirkungsvollste Löschmittel schlechthin. Die Hauptlöschwirkung des Wassers basiert auf dem Abkühlen. Das Hauptanwendungsgebiet des Löschmittels Wasser liegt in der Brandbekämpfung der Brandklasse A, glutbildender Stoffe. Wasser überzeugt gegenüber anderen Löschmitteln mit einer hohen spezifischen Wärmekapazität und einer hohen Verdampfungswärme. Die spezifische Wärmekapazität in kJ/kg K gibt an, welche Wärmemenge (in kJ) erforderlich ist, um ein Kilogramm [kg] des Stoffes um ein

Kelvin [K] zu erwärmen. Vergleicht man zum Beispiel die spezifische Wärmekapazität von Wasser (4,19 kJ/kg K) mit der von Stahl (0,47 kJ/kg K), so zeigt sich, dass man für die Temperaturerhöhung um 1 K bei Wasser rund zehnmal so viel Wärmeenergie benötigt als bei Stahl. Wie in Kapitel 2.2 bereits angeführt, wird auch für den Wechsel von einem Aggregatszustand in den nächsten Energie benötigt, im konkreten Fall beim Übergang vom flüssigen in den gasförmigen Zustand. Die Wärmemenge, die notwendig ist, um ein Kilogramm eines Stoffes an dessen Siedepunkt in Dampf zu verwandeln heißt **spezifische Verdampfungswärme**. Bei Wasser liegt dieser Wert bei 2 258 kJ/kg und damit im Vergleich zu anderen Stoffen recht hoch (Stickstoff 59 kJ/kg, Ammoniak 1 396 kJ/kg). Durch das Löschmittel Wasser können somit große Wärmemengen aufgenommen und als Wasserdampf abgeführt werden, eine Eigenschaft, an die kein anderes Löschmittel herankommt.

Um die Löschwirkung des Wassers optimal zu nutzen, gilt es ein möglichst großes Oberflächen-Volumenverhältnis zu erreichen. Durch die vergrößerte Oberfläche, wie beispielsweise beim Einsatz von Hohlstahlrohren im Sprühstrahl, kann mehr Wasser verdampfen und somit mehr Brandwärme entzogen werden. Bei sehr feinen Wassertropfen findet eine nahezu vollständige Umsetzung des Löschwassers in Wasserdampf statt, somit wird die hohe Verdampfungswärme des Wassers genutzt. Durch diese gesteigerte Löscheffektivität im Vergleich zum konventionellen Sprühstrahl eines CM-Strahlrohrs kann der Löscherfolg mit geringerem Wassereinsatz erzielt werden, was zum einen eine Reduzierung des Wasserschadens und zum anderen einen positiven Umweltaspekt durch geringere Mengen kontaminiertes Löschwasser hat.

Bild 50: ***Wassernebel Hohlstrahlrohr (Quelle: Sebastian Breitenbach)***

Neben der Entwicklung der modernen Hohlstrahlrohre gibt es noch weitere Entwicklungen im Bereich der Löschtechnik, um mit sehr kleinen Tröpfchengrößen zu löschen. Zu nennen sind hier beispielsweise

- der Einbau von speziellen Verstärkerpumpen für Hochdruckeinrichtungen in Löschfahrzeugen,
- Löschlanzen, die feinstverteiltes Löschwasser abgeben,
- Triebwerke zur Erzeugung eines Wassernebels als sogenannte Turbolöscher,

- tragbare Hochdrucklöschgeräte in Feuerlöschergröße, bei denen mit Druckluft definierte Wassermengen in die Flammen geschossen werden.

Bild 51: ***Großbrand Besselstraße Mannheim: Ein Großteil des anfänglich aufgebrachten Wassers verdampfte und reduzierte sichtbar die Flammenerscheinung.***

Durch die Zugabe von Netzmittel wird die Oberflächenspannung des Wassers herabgesetzt, was zu einer tieferen und besseren Eindringtiefe des Wassers führt. Hierfür wird meist synthetisches Mehrbereichsschaummittel oder Class-A-Schaummittel mit einer Zumischrate von ungefähr 0,1 % dem Wasser mittels geeigneter Zumischeinrichtung beigemischt.

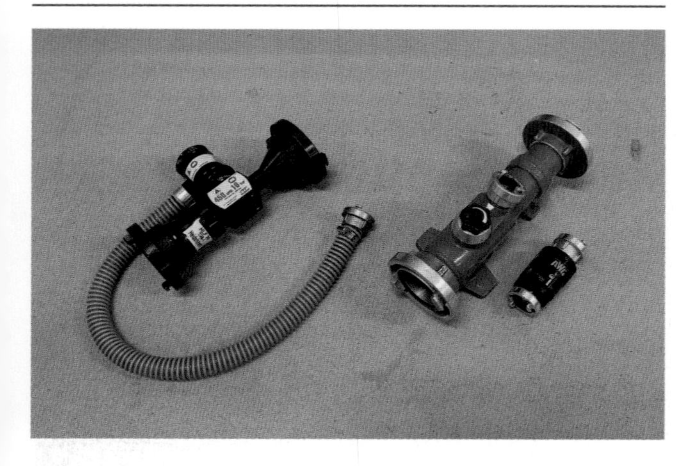

Bild 52: ***Zumischer für Netzmittel (Quelle: Sebastian Breitenbach)***

Einen Punkt gilt es aber immer zu bedenken, wenn Wasser als Löschmittel verwendet wird: Ein Liter Löschwasser wird in ungefähr 1 700 Liter (1 673 Liter, exakter Wert unter Normalbedingung) Wasserdampf umgesetzt! Dies kann gerade in geschlossenen Räumen zu erheblichen Verbrühungen bei Einsatzkräften und weiteren Personen führen. Damit einhergehend ist auch eine Druckerhöhung im Raum möglich. Aus diesem Grund verbietet sich der Einsatz von Wasser bei einem Kaminbrand, da hier aufgrund der hohen Brandtemperaturen von rund 1 000 °C und höher Wasser schlagartig verdampft und die Volumenausdehnung zu massiven Schäden führt. Auch die in Kapitel 2.1.1 unter der Brandklasse F beschriebene

Fettexplosion hat ihre Ursache in der immensen Volumenausdehnung von Wasser beim Erhitzen.

Beispielrechnung:

Gegebenheiten:

Raummaße: 4 m x 5 m x 2,5 m; Raumvolumen: 50 m^3
Volumenstrom Strahlrohr: 240 l/min
Öffnungszeitraum Strahlrohr: 3 s

Gesucht:

- Abgegebene Wassermenge V_{Wasser}
- Erzeugter Wasserdampf (vollständige Umsetzung) V_{Dampf}
- Prozentuale Volumeneinnahme des Wasserdampfes im Raum

$$V_{Wasser} = \dot{V}_{Strahlrohr} \times t_{Öffnung}$$

$$V_{Wasser} = \frac{240\ l}{min} \times \frac{1\ min}{60\ s} \times 3\ s = 12\ l$$

$$V_{Dampf} = V_{Wasser} \times 1\,700$$

$$V_{Dampf} = 12\ l \times 1\,700 = 20\,400\ l = 20{,}4\ m^3$$

$$V_{Prozentual} = \frac{20{,}4\ m^3}{50\ m^3} \times 100\,\% = 40{,}8\,\%$$

Diese Musterrechnung soll anhand vereinfachter, aber realitätsnahen Parametern zeigen, dass ein durchschnittlicher Raum mit der »ersten« Wasserabgabe bereits zu rund 41 % mit Wasserdampf beaufschlagt wird. Nicht berücksichtigt wurde, dass Räume üblicherweise möbliert sind, was ebenfalls

Volumen einnimmt. Des Weiteren befinden sich im Brandraum bereits heiße Brandgase und Dämpfe, welche durch das hinzukommende Volumen des Wasserdampfes ebenfalls verschoben werden. Im realen Brandeinsatz sollte an dieser Stelle über eine Abluftöffnung nachgedacht werden, um die heißen Brandgase sowie den Wasserdampf abzuleiten. Ein weiterer positiver Nebeneffekt einer Abluftöffnung sind die sich verbessernden Sichtbedingungen.

Beim Löschvorgang selbst nutzt man neben der abkühlenden Wirkung des Wassers auch die mechanischen Eigenschaften des Wasserstrahls, welcher sich je nach Strahlbild und Strahlrohrdruck stark unterscheidet. So lässt sich mit Hilfe des Vollstahls und dessen Auftreffwucht tief in Glutnester oder Glutschichten eindringen. Des Weiteren kann lockeres Brandgut zerteilt werden, um so die Kühlfläche zu erhöhen. Wasser als Löschmittel bietet eine weitere Reihe von Vorteilen wie kein anderes Löschmittel:

- geringer Preis, Wasser ist das billigste Löschmittel;
- es ist in großen Mengen verfügbar, nahezu unbegrenzt;
- einfach förder- und transportfähig;
- ungiftig und chemisch neutral;
- hohes Wärmebindungsvermögen;
- Abgabe als Vollstrahl, Sprühstrahl oder Wassernebel;
- große Wurfweiten und Wurfhöhen möglich.

Weiterhin ist hier die absolute Umweltverträglichkeit des Wassers anzuführen, egal ob es aus dem Leitungsnetz, offenen Gewässern, Brunnen oder dem Fahrzeugtank gefördert wird. Jedoch sind bei der Löschwasserentnahme spezielle Hygienevorgaben zu beachten, vor allem wenn das Löschwasser aus dem öffentlichen Leitungsnetz entnommen wird. Die sichere Trennung von Trinkwasser und Nichttrinkwasser ist ein Grundsatz des Trinkwasserschutzes. Demnach sollten Trinkwasser und Nichttrinkwasser auch bei Löschwasserentnahmen nicht vermischt werden. Auch ein Rückschlagen bzw. Rückfließen von Löschwasser aus Schläuchen über Hydranten in das öffentliche Wassernetz muss mittlerweile durch den Einsatz mobiler Systemtrenner verhindert werden. Siehe hierzu auch die Fachempfehlung Nr. 3 vom 19. Juli 2018 »Hinweise zum Feuerwehr-Systemtrenner B-FW nach DIN 14346« der AGBF-Bund sowie den Vorgaben des Deutsche Vereins des Gas- und Wasserfaches e.V. (DVGW).

Der Reihe an Vorteilen des Löschmittels Wasser stehen einige Nachteile entgegen, welche im Gebrauch berücksichtigt werden sollten:

- Gefrierpunkt bei 0 °C, im Winter kann dies zu einer erschwerten Wasserentnahme und Förderung führen;
- Volumenvergrößerung im gefrorenen Zustand, Gefahr des Platzens von Armaturen;
- Quellfähigkeit gewisser Stoffe bei Wasserkontakt;
- relativ hohe Dichte, Einsturzgefahr bei Bauwerken durch hohen Wassereintrag;
- hohe Schäden durch Löschwasser (Wasserschaden);
- Umweltschäden durch kontaminiertes Löschwasser.

8.1.1 Wasser als Löschmittel in elektrischen Anlagen

Die einzuhaltenden Mindestabstände sind in Abhängigkeit vom verwendeten Strahlrohr und Voll- oder Sprühstrahl in der DIN VDE 0132 »Brandbekämpfung und technische Hilfeleistung im Bereich elektrischer Anlagen« geregelt.

Tabelle 18: ***einzuhaltenden Mindestabstände in elektrischen Anlagen in Abhängigkeit vom verwendeten Strahlrohr***

CM-Strahlrohre DIN EN 15182	Niederspannung bis 1 000 V	Hochspannung über 1 000 V
Sprühstrahl Vollstrahl	1 m 5 m	5 m 10 m
Kurzzeichen	N – 1 – 5	H – 5 – 10

Die hier beschriebenen Abstände gelten im Regelfall auch für Hohlstrahlrohre bis zu einer Literleistung von 400 l/min. Bei manchen Modellen sind die einzuhaltenden Abstände auf den Strahlrohren gekennzeichnet (vgl. Bild 53). Im Zweifel kann die Betriebsanleitung Aufschluss über die einzuhaltenden Abstände geben.

Greift man in diesem Zusammenhang auch den Trend der E-Mobilität auf und die daraus resultierenden Brandgefahren der Akkumulatoren, zeigt sich auch in diesem Bereich Wasser als das am besten geeignete Löschmittel. Dies begründet sich in der stark kühlenden Wirkung des Wassers, um die Brandreaktionen der Akkumulatoren abzuschwächen.

Bild 53: ***Hohlstrahlrohr Kennzeichnung elektrische Anlagen (Quelle: Sebastian Breitenbach)***

8.1.2 Weitergehende Informationen

Wasser in seiner Reinform ist eine transparente und nahezu farblose Flüssigkeit. Wasser ist geruchs- sowie geschmacksneutral und ungiftig.

Physikalische Eigenschaften:

Dichte:	1,0 g/cm^3 bei 4 °C
Schmelzpunkt:	0 °C bei 1 013,25 hPa
Siedepunkt:	100 °C bei 1 013,25 hPa

Spez. Wärmekapazität:	4,19 kJ/kg K
Verdampfungswärme:	2 258 kJ/kg bei 100 °C

Chemische Eigenschaften:

Chemische Formel:	H_2O
pH-Wert (rein):	7 (neutral)
pH-Wert (vorkommend):	5 bis 7

Wasser gilt für viele Reaktionen als ein Katalysator, d. h. gewisse Reaktionen laufen durch Wasser erheblich schneller und mit geringerer Aktivierungsbarriere ab. Des Weiteren kann Wasser als amphoter Stoff je nach Milieu sowohl als Säure als auch als Base dienen. Wasser kann elektrolytisch vollständig wieder in seine Bestandteile Wasserstoff und Sauerstoff zerlegt werden. Darüber hinaus zerfällt Wasser unter Einwirkung von extrem hoher Hitze ebenfalls zu einem gewissen Prozentsatz in seine chemischen Bestandteile Wasserstoff und Sauerstoff. Dieser Vorgang wird als **thermische Dissoziation** bezeichnet. Die theoretische Gefahr der thermischen Dissoziation beginnt erst ab Temperaturen von 2 000 °C. Hierbei ist die Gefahr der Knallgasbildung möglich. Die Gefahr der thermischen Dissoziation ist insbesondere bei Metallbränden gegeben. Hier werden unter Umständen große Mengen an Wasserstoff freigesetzt, welche zu gefährlichen Reaktionen führen können.

Als weitere Reaktionspartner, welche beim Einsatz von Wasser als kritisch zu betrachten sind, sind zu nennen:

- Calciumcarbid → Bildung von Acetylen (C_2H_2)
- Alkalimetalle/Erdalkalimetalle
    - Natrium → Natriumhydroxid (Natronlauge) + Wasserstoff + Wärme

- Lithium → Lithiumhydroxid + Wasserstoff + Wärme
- Kalium → Kaliumhydroxid (Kalilauge) + Wasserstoff + Wärme
- Caesium → Caesiumhydroxid + Wasserstoff + Wärme

Diese Reaktionen (Abspaltung von Wasserstoff und extreme Wärmeentwicklung) verlaufen explosionsartig.

Ähnlich, wenn auch im kalten Zustand träge, verhalten sich die Erdalkalimetalle Calcium, Strontium und Barium

- Calciumoxid (gebrannter Kalk) → Calciumhydroxid (gelöschter Kalk) + Wärme (400 °C)

Auch reagiert glühender Koks mit Wasser in einer heftigen Reaktion zu Kohlenstoffmonoxid und Wasserstoff (Wassergas). Weiterhin ist der Einsatz von Wasser als Löschmittel in folgenden Fällen genau zu beurteilen, sobald folgende Stoffe selbst betroffen sind oder sich in direkter Nähe zum Brandereignis befinden:

- Einsätze mit quellfähigen Stoffen (Volumen- und Gewichterhöhung),
- Einsätze mit Stäuben (Staubexplosion durch Aufwirbeln der Stäube),
- Einsätze mit größeren Glutbränden in geschlossenen Räumen (Gefahr der Wassergasbildung mit hohen Kohlenstoffmonoxidanteilen),
- Einsätze mit Kunstdüngern (Verbacken der Dünger, Löschwasserrückhaltung ist unbedingt erforderlich),

- Einsätze mit Säuren und Laugen (Gefahr einer heftigen wärmeentwickelnden Reaktion),
- Einsätze mit unpolaren brennbaren Flüssigkeiten (ggf. brennendes Aufschwimmen).

8.2 Schaum

Kaum ein anderes Löschmittel wurde in den letzten Jahren so kontrovers diskutiert wie das Löschmittel Schaum. Dies ist vor allem auf die damalige Nutzung fluorhaltiger Schaummittel und den daraus resultierenden Umweltschäden zurückzuführen.

Das Löschmittel Schaum besteht aus drei Komponenten:

- Wasser,
- Schaummittel,
- Füllgas, i. d. R. Umgebungsluft.

Für die Herstellung des Schaums wird dem Wasser mittels Zumischeinrichtung ein gewisser Prozentsatz Schaummittel zugesetzt. Die prozentuale Zumischrate richtet sich nach der Angabe des Schaummittelherstellers des jeweiligen Schaummittels. Sie liegt bei den gängigen synthetischen Schaummitteln heutzutage zwischen 0,3 % bis 6 %. Am Schaumrohr wird dem Schaummittel-Wasser-Gemisch das Füllgas zugesetzt. Hierfür saugt das Schaumrohr mittels Injektorprinzip die benötigte Luftmenge von außen an. Durch Verwirbelung der Luft mit dem Schaummittel-Wasser-Gemisch im Inneren des Schaumrohrs entsteht das Löschmittel Schaum. Hierbei entscheidet die Verschäumungszahl des Schaumrohrs; ob es sich um Mittel- oder Schwerschaum handelt. Die Herstellung von Leichtschaum ist aufgrund der hohen Verschäumungszahl nicht mittels Injektorprinzip möglich, sondern erfordert spezielle Leichtschaumgeneratoren. Hierbei wird das Schaummittel-Wasser-Gemisch mittels Düsen auf ein Siebgewebe aufgetragen. An dem Siebgewebe bilden sich, wie bei Seifenblasen, Häutchen welche durch den Luftstrom in Form von Schaumblasen abgetragen werden.

Neben diesen konventionell hergestellten Schäumen, bei denen das Füllgas erst am Schaumstrahlrohr oder Schaumgenerator zugesetzt wird, existiert sogenannter Druckluftschaum (DLS). Hierbei wird in der Druckluftschaumanlage, auch »CAFS« (compressed air foam system) genannt, das Schaummittel-Wasser-Gemisch mit Hilfe von Druckluft bereits beim Mischen verschäumt. Aufgrund der Herstellungsart ermöglicht Druckluftschaum andere Einsatzmöglichkeiten als konventionell hergestellte Löschschäume. Chemisch erzeugte Schäume haben heutzutage hingegen keine relevante Bedeutung mehr. Die Hauptlöschwirkung des Schaums ist ersticken, als Nebenlöschwirkung kann einzelnen Schaumarten ebenfalls ein Abkühleffekt zugesprochen werden.

Einsatzgrundsätze

Grundsätzlich wird an der Einsatzstelle mit dem Schaumangriff erst begonnen, wenn folgende Punkte vorhanden und einsatzbereit sind:

- geeignetes Schaummittel;
- ausreichende Menge an Schaummittel;
- ausreichende Wasserversorgung;
- ausreichende Anzahl an Zumischeinrichtungen und Schaumstrahlrohren/Werfer.

Achtung:

Es ist zu beachten, dass Löschschäume aufgrund ihrer guten Leitfähigkeit nicht in spannungsführenden, elektrischen Anlagen eingesetzt werden dürfen!

Im Hinblick auf die Umweltgefährdung sei hier noch angeführt, dass die Verwendung von Schaummittel, vor allem im Einsatz, nur sehr kontrolliert und nach sorgfältiger Abwägung eingesetzt werden sollte, vor allem wenn Wasserschutzgebiete oder Oberflächengewässer vorhanden sind. Für die Verwendung von Löschschaum bei Übungen gibt es zahlreiche Vorschriften und Hinweise, die es zu beachten gilt. Zusammengefasst kann man sie wie folgt beschreiben:

- Übungen sind auf das unbedingt notwendige Maß zu beschränken;
- Übungen sollten im Kleinmaßstab mit sogenannten »Schaumtrainern« und Übungsschaum durchgeführt werden;
- Übungen sind auf befestigten Flächen mit Ablauf in die Schmutzwasserkanalisation zu einer (biologischen) Kläranlage durchzuführen;
- Übungen sind im Vorfeld mit dem Kläranlagenbetreiber oder zuständigen Behörden abzustimmen;
- Keine reinen Löschvorführungen mit Schaum ohne Übungs- und Erprobungscharakter;
- Keine Übungen in Grundwassereinzugsgebieten und Wasserschutzgebieten;

- Keine Übungen im Bereich von Oberflächengewässern, Karstgebieten, Überschwemmungsgebieten oder Feuchtbiotoben.

8.2.1 Schaumarten

Tabelle 19: ***Schaumarten***

Schaumart	VZ von	bis
Schwerschaum	-	20
Mittelschaum	20	200
Leichtschaum	200	1 000

Schwerschaum (inkl. Druckluftschaum)

Die Anwendung von Schwerschaum lässt sich in die drei folgenden Bereiche unterteilen:

- Löschen von brennbaren Flüssigkeiten;
- Löschen von festen, glutbildenden Stoffen;
- Schutz von brandgefährdeten Objekten.

Als grundsätzliche Löschwirkung des Schwerschaums werden Ersticken sowie Abkühlen angesehen. Die Kühlwirkung des Schwerschaums ergibt sich aufgrund des hohen Wassergehalts im Schaum. Beim Abdecken brennender Flüssigkeiten wird durch den Schaum eine Trennschicht ausgebildet, welche sich zwischen die brennbare Flüssigkeit und die Verbrennungszone legt und somit die Zufuhr von brennbaren Dämpfen verhindert. Durch die kühlende Wirkung des Schaums wird als positiver

Nebeneffekt der Dampfdruck der Flüssigkeit herabgesetzt. Beim Löschen von glutbildenden Stoffen (Brandklasse A) ist die Kühlwirkung des Schaums die vornehmliche Löschwirkung.

Bild 54: ***Schwer-, Mittel- Leichtschaum (Quelle: Sebastian Breitenbach)***

Bild 55: ***Anhaftung von Schwerschaum an einem Kesselwagen (Quelle: Sebastian Breitenbach)***

Druckluftschaum, auch CAFS (compressed air foam system) zählt auf Grund seiner Verschäumungszahlen zur Gruppe des Schwerschaums. Hierbei wird zusätzlich zwischen »nassen« und »trockenem« Druckluftschaum unterschieden. Nasser Druckluftschaum liegt im Verschäumungszahlbereich von 4 bis 11, trockener Druckluftschaum liegt darüber. Dadurch, dass der Druckluftschaum bereits im Fahrzeug an der Druckluftschaumanlage hergestellt wird und nicht wie üblich erst am Strahlrohr, ergeben sich durch den Druckluftschaum weitere Anwendungsbereiche. So lässt sich Druckluftschaum beispielsweise im Innenangriff verwenden, da die Schaumerzeugung unabhängig von der vorliegenden Umgebungsluft im Brandraum durch Expansion des komprimierten Schaums am Strahlrohr stattfindet.

Mittelschaum

Der Einsatzbereich von Mittelschaum entspricht in etwa dem des Schwerschaums. Auf Grund der höheren Verschäumungszahl des Mittelschaums (VZ 20 bis 200) gegenüber dem Schwerschaum (VZ 1 bis 20) eignet er sich hervorragend zum Einschäumen von brandgefährdeten Objekten und zum Fluten von Räumen. Zu beachten ist auch, dass die Einsatzgrenze von Mittelschaum im Freien bei einer Verschäumungszahl von 75 endet, da sonst witterungsbedingter Wind den Schaum wegtragen kann. Als Löschwirkung rückt beim Mittelschaum das Ersticken in den Vordergrund, der Kühleffekt ist aufgrund des geringeren Wasseranteils niedriger ausgeprägt als beim Schwerschaum.

Bild 56: ***Fluten eines Müllbunkers mit Mittelschaum***

Leichtschaum

Leichtschaum ist besonders zum Fluten großvolumiger Räume und Hallen geeignet. Mit einer Verschäumungszahl von 200 bis 1 000 lassen sich mit geringem Schaummittel- und Wassereinsatz binnen kürzester Zeit mehrere 1 000 m^3 Schaum erzeugen. Leichtschaum ist zur Bekämpfung von Bränden der Brandklassen A und B geeignet. Beim Auftragen des Löschschaums auf das Brandgut werden rund 60 bis 80 Prozent des Schaums zerstört. Diese Zerstörung des eingetragenen Schaums verstärkt die erstickende Wirkung des Schaums ungemein. Das gebundene Wasser des Schaums verdampft und nimmt somit das 1 700-fache an Volumen ein. Hierdurch wird vorhandene Luft verdrängt bzw. verdünnt und die erstickende Wirkung des Leichtschaums erhöht. Dabei wird außerdem der entstandene Wasserdampf unter der Schaumschicht gestaut und in vorhandene Luftzwischenräume des Brandgutes eingebracht. Beim Eintrag von Leichtschaum in geschlossene Räumlichkeiten ist zwingend darauf zu achten, Abluftöffnungen zum Entweichen der verdrängten Luft zu schaffen. Aufgrund der hohen Verschäumungszahlen und der damit verbundenen Witterungsanfälligkeit lässt sich Leichtschaum praktisch nur in abgeschlossenen Räumlichkeiten einsetzten.

Bild 57: ***Der Einsatz des sog. Flexifoam-Systems dient zur Herstellung von Mittel- und Leichtschäumen durch Frischluftzuführung direkt an den Sieb. Durch das System können große Schaummengen zum Fluten großer Räume hergestellt und durch die gesonderte Zufuhr der Frischluft als Füllgas direkt am Brandrauch erzeugt werden.***

8.2.2 Schaummittel

Im Bereich der kommunalen Feuerwehren zeigt sich nur noch die Gruppe der synthetisch hergestellten Schaummittel von besonderer Relevanz. Die Gruppe der Proteinschaummittel hat in der kommunalen Anwendung quasi vollständig ihren Einfluss verloren, deren Anwendungsgebiete beschränken sich meist auf Sonderanwendungen im Bereich von Raffinerien oder der chemischen Industrie. Des Weiteren sollte im Rahmen des Umweltschutzes auf Fluorfreiheit des Schaummittels geachtet werden. Der Einsatz von fluorhaltigen Schaummitteln sollte nur in begründeten Ausnahmefällen Verwendung finden. Hierzu sollte sich im Bereich der Einsatzplanung vorab Gedanken gemacht und ein Stufenkonzept zum Einsatz von Schaummitteln erarbeitet werden.

Mehrbereichsschaummittel MBS (Synthetische Schaummittel)

Mehrbereichsschaummittel sind für die Herstellung aller Schaumarten (Schwer-, Mittel- und Leichtschaum) geeignet. Diese Schaummittel bestehen hauptsächlich aus hydrolysierten Fettalkoholen, sogenannte Tenside, welche in ihren Ausgangstoffen unseren heutigen Waschmitteln sehr ähneln. Mehrbereichsschaummittel können in den Brandklassen A und B (unpolare Flüssigkeiten) eingesetzt werden und sind prinzipiell in der Verwendung als Netzmittel geeignet.

Class-A-Schaummittel

Ursprünglich für Vegetationsbrände (Brandklasse A) entwickelt, vereinen Class-A-Schaummittel die Eigenschaften von

Netz- sowie Mehrbereichsschaummitteln. Im Grunde handelt es sich heutzutage bei Class-A-Schaummitteln um hochkonzentrierte synthetische Mehrbereichsschaummittel, welche ebenfalls für die Erzeugung von Leicht-, Mittel- und Schwerschaum eingesetzt werden können. Moderne Class-A-Schaummittel besitzen in der Regel die Zulassung für die Brandklasse B (unpolare Flüssigkeiten). Aufgrund feiner Dosiervorgaben von oft unter einem Prozent ist unbedingt auf eine geeignete Zumischeinrichtung zu achten. Class-A-Schaummittel gelten in aller Regel als fluorfrei und umweltschonend.

Filmbildende Schaummittel (AFFF)

AFFF (aqueous film forming foam) ist ein klassisches wasserfilmbildendes Schaummittel für Brände von nicht polarer Flüssigkeiten. Hierbei weißt das Schaummittel die höchste Löschleistungsstufe auf. AFFF hat sehr gute Fließeigenschaften, der Wasserfilm bildet sich gasdicht aus und ist selbstheilend. Hierdurch gibt es kaum Rückzündungsmöglichkeiten. Des Weiteren zeigt AFFF kaum pick-up-Effekte, d. h. der Schaum belädt sich quasi nicht mit Brandgut und es stellt sich keine reinigende Wirkung des Schaummittels ein – AFFF ist ölabweisend. Die Applikation des Schaummittels kann verschäumt sowie unverschäumt erfolgen, dies begründet sich in der bereits löschenden Wirkung des Wasserfilms. Hierdurch lassen sich große Wurfweiten bei der Applikation des Löschmittels ausnutzen. Trotz dieser immensen Vorteile im Löschverhalten haftet dem AFFF-Schaummittel ein entscheidender Nachteil an. Ein Bestandteil des AFFF sind flourierte Tenside, welche grundsätzlich als umweltschädlich anzusehen sind. Deshalb sollte AFFF nur nach sorgfältiger Abwägung gegen synthetische Mehrbereichschaummittel bei nichtpolaren Flüssigkeitsbränden eingesetzt werden. Hier gilt es dann ein besonderes Augenmerk auf die Löschwasserrückhaltung zu legen.

Alkoholbeständige Schaummittel (AR)

Polare Flüssigkeiten wie beispielsweise Alkohole führen zu einer raschen Zerstörung der Schaumschicht. Dies trifft auf alle bis hier angeführten Schaummittel zu. Aus diesem Grund gibt es im Bereich der Mehrbereichschaummittel sowie der AFFF-Schaummittel alkoholbeständige Varianten. Hierbei behalten beide Schaummittel ihre bisherigen Eigenschaften, werden aber durch Ausbilden eines Polymerfilms zwischen der polaren Flüssigkeit und dem Schaum alkoholbeständig. Der Schaumauftrag sollte bei polaren Flüssigkeiten in jedem Fall indirekt erfolgen. Des Weiteren gilt es zu beachten, dass die alkoholbeständigen Schaummittel höhere Viskositäten aufweisen können, welches zu Problemen bei der Zumischung führen kann.

8.2.3 Musterrechnung

Anhand dieser Musterrechnung soll aufgezeigt werden, in welchem Umfang Schwer- und Mittelschaum (theoretisch) anhand der Normbeladung eines LF 10 (DIN 14530-5:2019-11) erzeugt werden kann. Gemäß aktueller Norm führt ein LF 10 mindestens sechs Kanister zu je 20 Liter Schaummittel (insgesamt 120 Liter) mit sich. Des Weiteren verfügt ein LF 10 über einen Löschwassertank von mindestens 1 200 Liter. Für die Schaumerzeugung ist ein Z4-Zumischer sowie ein S4/M4-Schaumrohr vorgesehen. Hieraus ergeben sich folgende beeinflussende Faktoren:

- Schaummittelmenge, 120 Liter;
- bei der Zumischrate sind die Herstellerangabe zu beachten, im Beispiel hier 1 % und 3 %;
- mitgeführte Wassermenge 1 200 Liter (nur bei reinem Tankbetrieb);
- Verschäumungszahl: Angabe in der Regel auf dem Schaumrohr, im Beispiel hier VZ 15 Schwerschaum, VZ 75 Mittelschaum.

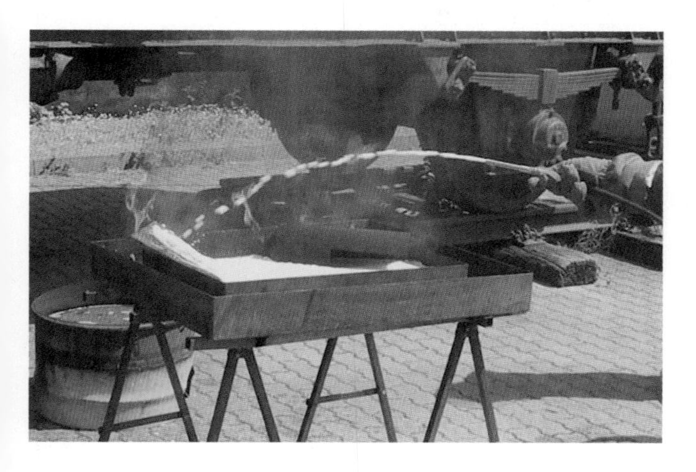

Bild 58: ***Indirekte Applikation von AFFF-Schwerschaum (Quelle: Sebastian Breitenbach)***

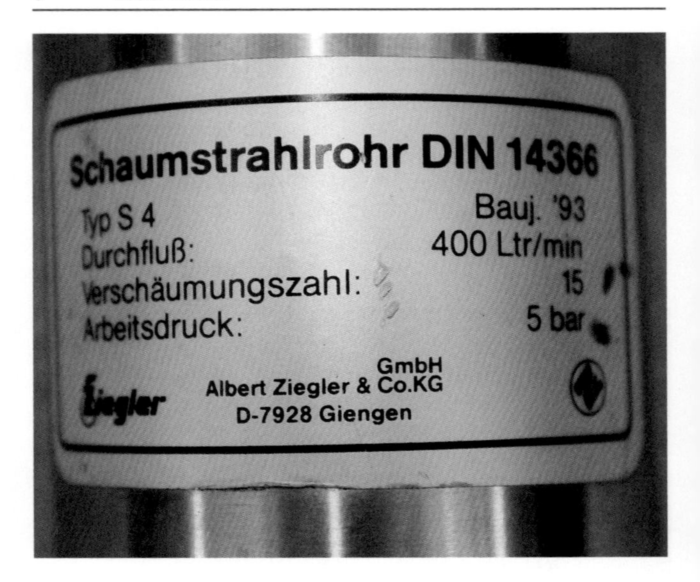

Bild 59: *Schaumrohr S4 mit Angaben zur Durchflussmenge, zur Verschäumungszahl und dem Betriebsdruck am Strahlrohr. (Quelle: Sebastian Breitenbach)*

Herstellbares Schaummittel-Wasser-Gemisch (limitierender Faktor 120 l Schaummittel, Wasserentnahme aus dem Hydranten)

120 l Schaummittel, Zumischrate 1 % → 12 000 l Schaummittel-Wasser-Gemisch 120 l Schaummittel, Zumischrate 3 % → 4 000 l Schaummittel-Wasser-Gemisch

Hieraus theoretisch herstellbare Schaummenge

Schwerschaum (VZ 15):
12 000 l Schaummittel-Wasser-Gemisch x VZ 15 = 180 000 l Schaum = 180 m^3 Schaum
4 000 l Schaummittel-Wasser-Gemisch x VZ 15 = 60 000 l Schaum = 60 m^3 Schaum

Mittelschaum (VZ 75):
12 000 l Schaummittel-Wasser-Gemisch x VZ 75 = 900 000 l Schaum = 900 m^3 Schaum
4 000 l Schaummittel-Wasser-Gemisch x VZ 75 = 300 000 l Schaum = 300 m^3 Schaum

Anhand der Musterrechnung zeigen sich die Vorteile hochkonzentrierter Schaummittel, aus denen sich bei gleicher Menge Schaummittel anhand geringerer Zudosierung höhere Mengen an Schaum an der Einsatzstelle realisieren lassen.

Herstellbares Schaummittel-Wasser-Gemisch (limitierender Faktor 1 200 l Wasser bei Tankbetrieb)

1 200 l Wasser, Zumischrate Schaummittel 1 % → ≈ 1 212 l Schaummittel-Wasser-Gemisch
1 200 l Wasser, Zumischrate Schaummittel 3 % → ≈ 1 236 l Schaummittel-Wasser-Gemisch

Hieraus theoretisch herstellbare Schaummenge

Schwerschaum (VZ 15):
1 212 l Schaummittel-Wasser-Gemisch x VZ 15 = 18 180 l Schaum ≈ 18,2 m^3 Schaum
1 236 l Schaummittel-Wasser-Gemisch x VZ 15 = 18 540 l Schaum ≈ 18,5 m^3 Schaum

Mittelschaum (VZ 75):
1 212 l Schaummittel-Wasser-Gemisch x VZ 75 = 90 900 l Schaum ≈ 90,9 m^3 Schaum
1 236 l Schaummittel-Wasser-Gemisch x VZ 75 = 92 700 l Schaum ≈ 92,7 m^3 Schaum

Ist der limitierende Faktor der Wassertank des Löschfahrzeugs (hier LF10, 1 200 l Wasser) fallen die Unterschiede in der erreichbaren Schaummenge vernachlässigbar klein aus. Der Vorteil von hochkonzentrierten Schaummitteln wird erst ab größeren Wasser- und Schaummengen ersichtlich. Es sei an dieser Stelle nochmals erwähnt, dass es sich hierbei um theoretisch erreichbare Werte handelt. Faktoren wie zum Beispiel der Vorlauf des Schaummittel-Wasser-Gemischs bis zum Erreichen einer nutzbaren Schaumqualität wurden hier vollständig vernachlässigt. Des Weiteren gilt es für die Berechnung im Einsatzfall eine Abbrandrate von in der Regel 50 % zu berücksichtigen, bzw. eine Faustformel sagt, es sollte die doppelte Menge an notwendigem Schaummittel an der Einsatzstelle zur Verfügung stehen.

8.3 Löschpulver

Seit Beginn des frühen 20. Jahrhunderts spielen moderne Löschpulver eine Rolle in der Reihe unserer heutigen Löschmittel. Diese wurden im Laufe der Zeit zu wahren Allround-Löschmitteln weiterentwickelt. So lassen sich je nach Löschpulverart die Brandklassen A, B, C und D bekämpfen. Als Hauptlöschwirkung wird dem Löschpulver das Löschen durch Ersticken zugeschrieben, dies geschieht antikatalytisch und wird im weiteren Verlauf noch genauer erläutert. An Löschpulver werden die folgenden allgemeinen Anforderungen gestellt:

- Ungiftigkeit,
- Unschädlichkeit,
- Haltbarkeit,
- Förderfähigkeit,
- Isolationsfähigkeit,
- Löschfähigkeit,
- Umweltverträglichkeit.

Diese allgemeinen Anforderungen sind zunächst positiver Natur und lassen wie bereits beschrieben ein breites Einsatzspektrum zu. Dennoch zeigen sich im Einsatz auch einige deutliche nachteilige Effekte, welche zwingend zu beachten sind:

- Staubbelästigung in geschlossenen Räumen,
- erhebliche Sichtbehinderungen,
- starke Verschmutzung mit ggf. nachhaltiger Zerstörung z. B. durch Korrosion.

8.3.1 BC-Löschpulver (P)

Die Gruppe der BC-Löschpulver (P) ist das klassische Löschpulver bei Feuerwehren. Im Allgemeinen finden für die Herstellung der BC-Löschpulver folgende Basisstoffe in Verbindung mit Zusatzstoffen Verwendung:

95 % bis 98 % Natriumhydrogencarbonat;	**2 % bis 5 % Zusatzstoffe**
80 % bis 92 % Kaliumhydrogencarbonat;	**8 % bis 20 % Zusatzstoffe**
90 % bis 92 % Kaliumsulfat;	**8 % bis 10 % Zusatzstoffe**
72 % Calciumcarbonat + 18 % Kaliumsulfat;	**10 % Zusatzstoffe**

Die Zusatzstoffe werden zur Hydrophobierung (wasserabweisende Imprägnierung) sowie zur Verbesserung der Haltbarkeit, Lager- und Förderfähigkeit benötigt. Als Löschwirkung wird den Löschpulvern die heterogene Inhibition zugeschrieben. Hierunter versteht man die (reaktions-)kettenabbrechende Wirkung kühler Oberflächen, welche auch als sogenannte Wandwirkung bezeichnet wird. Hierbei kommt ein großes Oberflächen-Massenverhältnis (spezifische Oberfläche) zum Tragen. So ergibt sich bei einem Kilogramm Löschpulver bei einer mittleren Korngröße von 0,02 mm bis 0,03 mm eine wirksame Oberfläche von einigen hundert Quadratmetern. Treffen nun die freien, energiereichen Radikale der Verbrennungsreaktion auf die kühle Oberfläche des Löschpulvers, geben diese einen Teil ihrer Energie ab, sodass rückläufige Reaktionen eintreten, welche zum (Reaktions-)Kettenabbruch führen. Das Zusammenspiel des großen Oberflächenverhältnisses des Löschpulvers macht die schlagartige Löschwirkung verständlich. BC-Löschpulver werden für Brände flammbildender Stoffe der Brandklasse B und C eingesetzt. Aufgrund der isolierenden Wirkung können BC-Löschpulver in trockenen, spannungsführenden Anlagen unter Einhaltung der geltenden Sicherheitsabstände eingesetzt werden.

8.3.2 BC-Löschpulver (P-SV)

In besonderen Einsatzlagen, wie beispielsweise Flugzeugbränden, zeigt sich unter Umständen ein kombinierter Löschangriff aus Schaum und Pulver als vorteilhaft. Löschpulver zeichnen sich aber als stark schaumzerstörend aus, dies trifft insbesondere auf Löschpulver auf Basis von Natriumhydrogencarbonat zu. Für die Sonderanwendung der kombinierten Löschangriffe musste also schaumverträgliches Löschpulver entwickelt werden, wobei der Begriff schaumverträglich relativ zu sehen ist. BC-Löschpulver auf Basis von Kaliumhydrogencarbonat und

Kaliumsulfat, welche mit Silicon hydrophobiert wurden, gelten generell als schaumverträglich. Schaumverträgliche Pulver werden mit dem Zusatz SV gekennzeichnet.

Bild 60: ***Mit BC-Pulver gefüllte Pulverlöschanlage der PTLF 4 000 der Feuerwehr Mannheim (Quelle: Sebastian Breitenbach)***

Tabelle 20: ***Sicherheitsabstände Löschpulver in elektrischen Anlagen***

Löschmittel	Nieder-spannung	Hochspannung in kV 30			
		30	110	220	380
BC-Pulver	1 m	3 m	3 m	4 m	5 m
ABC-Pulver	1 m	Nicht anwendbar!			

8.3.3 ABC-Löschpulver (PG)

Der Hauptbestandteil des ABC-Löschpulvers besteht aus Gemischen von Ammoniumphosphaten (Mono- und Diammoniumphosphat) und Ammoniumsulfat. Bezüglich der Löschwirkung in den Brandklassen B und C entsprechen diese dem konventionellen BC-Pulver. Das Löschen der Flamme in der Klasse A entspricht ebenfalls der heterogenen Inhibition. Durch die hohen Temperaturen des Brandes zersetzten sich die Ammoniumverbindungen, welche eine Sinterschicht auf dem Brandgut ausbilden. Hierdurch wird zum einen die Sauerstoffzufuhr zum Glutbrand verhindert und gleichzeitig die Strahlungswärme zur Aufbereitung des weiteren Brennstoffs isoliert. ABC-Löschpulver haben somit einen nachhaltigen Löscheffekt in der Brandklasse A. Entgegen seinem verwandten BC-Löschpulver darf ABC-Löschpulver nicht in elektrischen Hochspannungsanlagen angewandt werden. Der Einsatz in Niederspannungsanlagen bis 1 000 V in Form von tragbaren Feuerlöschern ist bei einem Mindestabstand von in der Regel einem Meter entsprechend der Beschriftung auf dem Löschgerät meist gegeben.

Teilweise findet man in Literaturstellen noch Hinweise, dass Leichtmetallbrände unter Umständen mit ABC-Pulver gelöscht werden können. Hiervon ist auf jeden Fall abzuraten, da Versuche gezeigt haben, dass beim Löschen von Magnesium- und Aluminiumbränden mit ABC-Pulver dessen Hauptbestandteil Ammoniumphosphat mit den Leichtmetallen Verbindungen eingeht, die sich vor allem in Anwesenheit von Wasser (Löschwasser, Luftfeuchtigkeit) in giftiges Phosphan und Ammoniak umwandeln können.

8.3.4 D-Löschpulver (PM)

D-Löschpulver für Metallbrände ist ein absolutes Sonderlöschmittel. Sie bestehen aus Stäuben meist aus Natriumchlorid, bekannt als Kochsalz. Seltener findet Kaliumchlorid, Melamin oder Bortrioxid Verwendung. Die Löschwirkung ist in erster Linie abdeckender Natur und somit tritt die Löschwirkung erstickend ein. Bei Erhitzung des Pulvers beginnt dieses zu schmelzen bzw. zu sintern. Hieraus bildet sich eine harte Kruste auf dem Brandgut aus, welche die Zufuhr des Sauerstoffs unterbindet. Entgegen vieler anderer Löschverfahren benötigt das Eintreten der vollen Löschwirkung einige Zeit unter der verkrusteten Pulverschicht. Hierbei ist es wichtig, dass die Pulverschicht vollkommen dicht abschließt. Die Vorhaltung dieses Sonderlöschmittels beschränkt sich meist auf die verarbeitenden Betriebe.

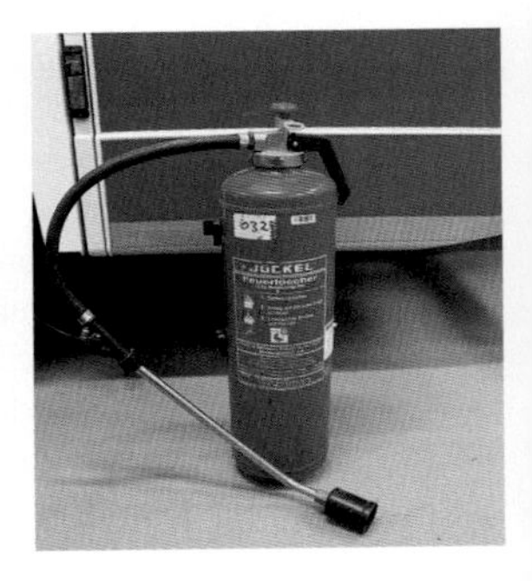

Bild 61 und 62: ***ABC-Pulverlöscher (links) und PM-Löscher (rechts) (Quelle: Sebastian Breitenbach)***

8.4 Kohlenstoffdioxid CO_2

Bei Kohlenstoffdioxid handelt es sich um ein rückstandfreies Löschmittel vornehmlich für die Brandklasse B und C. Kohlenstoffdioxid wird als Löschmittel sowohl in stationären Löschanlagen als auch in portablen Feuerlöschern in unterschiedlichen Größen eingesetzt. Seine Löschwirkung beruht ausschließlich auf Ersticken. Hierbei ist es das primäre Ziel, den Sauerstoffgehalt auf unter 15 Vol.-% zu senken. Um diese Herabsetzung des Sauerstoffgehalts zu erreichen, ist eine CO_2-Konzentration von rund 30 Vol.-% notwendig. Als Faustformel kann angesetzt werden: je Kubikmeter Raumvolumen muss ein 1 kg CO_2 als Löschmittel eingebracht werden. Kohlenstoffdioxid ist etwa 1,5-mal schwerer als die Umgebungsluft, so dass sich das CO_2 entlang des Bodens ausbreitet und sich erstickend über den Flammenbrand legt. Des Weiteren ist Kohlenstoffdioxid absolut farb- und geruchlos. Die vermeintliche Kühlwirkung des Kohlenstoffdioxids ist so gering, dass diese als Löschwirkung keinerlei Bedeutung hat. Kohlenstoffdioxid kann in drei Arten als Löschmittel eingebracht werden:

- CO_2-Schnee,
- CO_2-Nebel (CO_2-Aerosol),
- CO_2-Gas.

Die folgenden Vorteile können dem Kohlenstoffdioxid als Löschmittel gutgeschrieben werden:

- fast schlagartiger Löscherfolg (bei richtiger Anwendung);
- absolut rückstandfrei und somit das sauberste Löschmittel;

- weder ätzend noch korrosiv;
- elektrisch nichtleitend, Abstände nach DIN VDE 0132;
- bei starkem Frost voll einsetzbar.

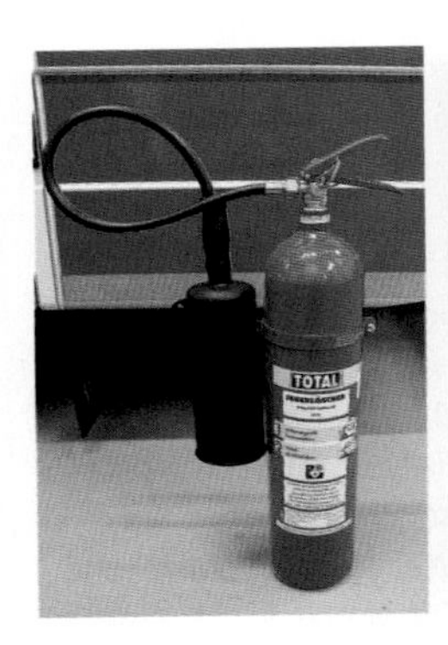

Bild 63 und 64: ***CO_2-Löscher K5 (links) und CO_2-Löscher K30 (rechts) (Quelle: Sebastian Breitenbach)***

Die hier genannten Vorteile machen CO_2 zu einem extrem wertvollen Löschmittel insbesondere in der Verwendung stationärer Löschanlagen. Hieraus resultiert auch die Verwendung des Kohlenstoffdioxids als Löschmittel in besonders empfindlichen Bereichen, bei denen das Löschmittel keinerlei Rückstände bildet und auch nicht chemisch einwirken soll. Als Beispiele seien hierfür die Nahrungsmittelindustrie, Chemische und Pharmazeutische Industrie genannt. Aber auch in Serverräumen ist CO_2 das Löschmittel der Wahl – hier geht der Einsatz als Löschmittel auch über die Brandklasse B und C hinaus. Dies funktioniert dadurch, dass das Kohlenstoffdioxid über einen längeren Zeitraum in verhältnismäßig großen Mengen zur Verfügung steht und somit durch Verdrängen des Sauerstoffs den Verbrennungsvorgang unterbindet.

Den aufgeführten Vorteilen stehen die folgenden Nachteile gegenüber:

- geringe Wurfweite;
- nur in geschlossenen Räumen wirksam, im Freien kaum einsetzbar;
- schnelle Verflüchtigung, dadurch Gefahr der Rückzündung;
- aufwendige Lagerung in Druckbehältern oder tiefkalt;
- Möglichkeit der elektrostatischen Aufladung beim Expandieren.

Ein weiterer gravierender Nachteil des Löschmittels Kohlenstoffdioxid ist die Eingruppierung als Atemgift der Gruppe 3 mit Wirkung auf Blut, Nerven und Zellen. Somit gibt es in seiner Anwendung gewisse Einsatzgrundsätze zu beachten. Ab Konzentrationen von 5 Vol.-% CO_2 treten bereits Unwohlsein, Kopfschmerzen, Atemnot, Schweißausbruch bis hin zur Ohnmacht auf. Im Konzentrationsbereich von 6 Vol.-% bis 8 Vol.-% ist mit Krämpfen, Ohnmacht oder gar Atemstillstand zu rechnen. Im Bereich von über 8 Vol.-% tritt binnen kurzer Zeit ein Atemstillstand ein, die als Löschmittel angestrebte Konzentration von über 30 Vol.-% führt binnen kürzester Zeit zum Tod. Nach neusten Richtlinien ist je kg/CO_2-Löschmittel eine freie Grundfläche im Raum von 5,5 m^2 erforderlich. Für die gängigen Feuerlöschergrößen von 2 kg und 5 kg CO_2 sind daher freie Flächen von 11 m^2 bzw. 27,5 m^2 im Raum erforderlich. Sollte diese freie Fläche nicht zur Verfügung stehen, so ist der Löschmitteleintrag von außen in den Raum oder mittels umluftunabhängigen Atemschutz durchzuführen. Darüber hinaus eignet sich Kohlenstoffdioxid nicht zur Brandbekämpfung der Brandklasse D (insbesondere Leichtmetalle, Alkali- und Erdalkalimetalle), da das CO_2 bei Temperaturen von etwa 2 000 °C wieder in seine Bestandteile Kohlenstoff C, Sauerstoff O_2 und in Teilen zu Kohlenstoffmonoxid CO zerfällt. Hierdurch wirkt CO_2 in der Brandklasse D brandfördernd und ist als Löschmittel nicht geeignet.

8.5 Inertgase

Die Löschwirkung von Inertgasen entspricht im Wesentlichen dem des Kohlenstoffdioxid, indem Sauerstoff verdrängt wird. Hiermit ergibt sich die Löschwirkung Ersticken. Als Inertgase bieten sich Gase aus der Gruppe der Edelgase sowie Stickstoff an. In der reellen Anwendung beschränkt sich das Portfolio meist auf Argon aus der Gruppe der Edelgase und Stickstoff. Inergen als patentiertes Löschmittel ist eine Mischung aus Stickstoff (52 %), Argon (40 %) und Kohlenstoffdioxid (8 %).

Stickstoff ist farb-, geruch-, und geschmacklos. Des Weiteren ist Stickstoff weder giftig, brennbar noch elektrisch leitfähig. In unserer Umgebungsluft nimmt Stickstoff den höchsten prozentualen Anteil (78,1 Vol.-%) ein. Die Dichte des Stickstoffs liegt mit einem Gewichtsverhältnis von 28:29 leicht unter der Dichte der Luft. Somit kann Stickstoff immer dann als Löschmittel eingesetzt werden, wenn Brände sich mit aufsteigenden

Gasen löschen lassen. Diese Eigenschaft macht man sich insbesondere bei der Inertisierung von Silos bei Bränden zu nutze.

Argon ist ebenfalls wie Stickstoff ein farb-, geruch-, und geschmackloses Gas. Des Weiteren ist Argon ungiftig, nicht brennbar und nicht elektrisch leitfähig. Seine Dichte liegt mit 1,78 kg/m^3 über der Dichte von Luft und ist somit schwerer als diese. Durch die Zugehörigkeit zur Gruppe der Edelgase ist Argon extrem reaktionsträge. Argon ist entgegen der meisten anderen Löschmittel zur Brandbekämpfung von Metallbränden geeignet. Argon geht hierbei keinerlei toxische Verbindungen ein.

Silobrandbekämpfung

Die Silobrandbekämpfung stellt die Feuerwehren sowie die Betreiber oftmals vor hohe und besondere Herausforderungen. Dies liegt insbesondere daran, dass sich je nach Inhalt, Füllstand und anderer Rahmenparameter gewisse Löschmittel von vorne herein ausschließen. Speziell bei quellfähigen und staubanfälligen Inhalten schließt sich Wasser als Löschmittel meist aus. Durch Quellung des Inhalts kann das Silo nachhaltig beschädigt werden. Gleiches gilt durch die Gefahr einer Staubexplosion. Generell gilt es dem Explosionsschutz ein besonderes Augenmerk zukommen zu lassen (siehe Kapitel 5.1.1 und 5.2.1). Oftmals ist die Inertisierung die letzte Möglichkeit, eine adäquate Brandbekämpfung in Siloanlagen durchzuführen, falls ein Ausräumen und konventionelles Löschen des Silos nicht möglich sind.

Für die Inertisierung von Siloanlagen wird meist Stickstoff genutzt. Hierfür wird flüssiger Stickstoff über einen Verdampfer gasförmig von unten in das Silo eingebracht. Bei der Inertisierung von Siloanlagen werden Sauerstoffgehalte von unter 8 Vol.-% angestrebt. Für einen späteren Produktaustrag soll nach Möglichkeit der Sauerstoffgehalt bei unter 2 Vol.-% liegen. Hierfür gilt als Faustformel, dass je Kubikmeter Schüttgut 1 m^3 Inertgas benötigt wird. Neben Stickstoff eignet sich ebenfalls oftmals Kohlenstoffdioxid als Inertgas. Wichtig ist ebenfalls das Vorhalten entsprechender Messtechnik, um die Gegebenheiten wie Sauerstoffgehalt permanent überwachen zu können. Im Falle von Metallbränden in Silos eignet sich insbesondere Argon als Inertgas.

In jedem Fall macht sich eine vernünftige Einsatzvorbereitung und Einsatzplanung im Schadenfall bei Siloanlagen bezahlt. Dies heißt, dass die Silos eine Vorbereitung zum Löschmitteleintrag besitzen, potentielle Lieferanten der Inertgase und Verdampfer bekannt sind und wie diese im Schadenfall erreicht werden können.

Bild 65: ***Inertisierung Silo Tankzug mit Verdampfer (Quelle: Sebastian Breitenbach)***

Bild 66: ***Inertisierung Siloanschluss C-Storz (Quelle: Sebastian Breitenbach)***

8.6 Halone

Die Verwendung, Herstellung und das Inverkehrbringen von Halonen ist per Verordnung (FCKW-Halon-Verbots-Verordnung, FCKWHalonVerbV) seit den neunziger Jahren in Deutschland verboten. Seit 2004 gilt ein europaweites Verbot halonbetriebener Löschgeräte. Vereinzelt findet sich Halon noch als Löschmittel in Anwendungen des Militärs, der Schifffahrt und der Luftfahrt. Für kommunale Feuerwehren und/oder Laienanwender hat Halon keine signifikante Bedeutung mehr. Die als Löschmittel verwendeten Halone waren Difluorchlorbrommethan (Halon 1211) und Trifluorbrommethan (Halon 1301). Die

Löschwirkung des Halons ist rein antikalytisch und wird der Inhibition zugeordnet (siehe auch Kapitel 7.1.4).

8.7 Sonstige Löschmittel

Fettbrandlöscher (Brandklasse F)

Aufgrund der Besonderheiten von Bränden von Speiseölen und Fetten in Küchen oder Frittiergeräten wurden diese der Brandklasse F zugeordnet. Der Einsatz von konventionellen Löschmitteln zeigt sich bei Fettbränden als nicht ganz unproblematisch oder gar gefährlich. Löschmittel für die Brandklasse F beinhalten entweder einen speziellen Löschschaum, der mittels Spezialdüsen aufgebracht wird und über der Flüssigkeitsoberfläche gasdicht aufquillt, und/oder Stoffe, hier vor allem Alkalisalze von Carbonsäuren, die eine chemische Reaktion mit dem heißen Fett eingehen (die sogenannte Verseifung) und die Verbrennung dadurch unterbinden. Es wird dabei eine Sperrschicht über dem Öl oder Fett gebildet, wodurch die Aufnahme von Sauerstoff unterbunden wird (Stickeffekt). Zugleich kühlt das Löschmittel die brennende Flüssigkeit unter die Selbstzündungstemperatur herunter und verhindert somit ein erneutes Aufflammen des Brandes (Kühleffekt).

Behelfslöschmittel für die Brandklasse D

Als Behelfslöschmittel in der Brandklasse D zeigen sich Sand, Kochsalz sowie Zement in jeweils trockener Form als wirkungsvolle Löschmittel. Alle drei Behelfslöschmittel sind prinzipiell in großen Mengen verfügbar. Besonders mit Kochsalz wurden in den achtziger Jahren umfangreiche Tests durchgeführt. Hierbei stellte sich heraus, das Kochsalz zum Löschen von fast allen Leichtmetallbränden einschließlich Kalium und Natrium geeignet ist. Zudem ist Kochsalz relativ kostengünstig und wird meist in hohen Mengen in Form von trockenem Streusalz vorgehalten.

Bild 67: ***Fettbrandlöscher (Quelle: Sebastian Breitenbach)***

Literatur- und Quellenverzeichnis

AGBF-Bund: Hinweise zum Feuerwehr-Systemtrenner B-FW nach DIN 14346, online abrufbar unter: http://www.feuerwehrverband.de/fileadmin/Inhalt/FACHARBEIT/FB4_Technik/DFV-AGBF-Fachempfehlung_Systemtrenner.pdf, letzter Zugriff: 22.04. 2020.

BRANDSchutz/Deutsche Feuerwehr-Zeitung (Hrsg.), Das Feuerwehr-Lehrbuch, 6. Auflage, Stuttgart, W. Kohlhammer GmbH, 2019.

Dr. Christen, Hans-Rudolf (Hrsg.), Grundlagen der allgemeinen und anorganischen Chemie, 9. Auflage, Frankfurt am Main, Aarau, Salle und Sauerländer, 1988.

Dr. Hamberger, Wolfgang, Rotes Heft 5 – Sicherheitstechnische Kennzahlen brennbarer Stoffe, Stuttgart, W. Kohlhammer GmbH, 1995.

Holleman, Arnold F., Wiberg, Nils, Lehrbuch der anorganischen Chemie, 91.-100. Auflage, Berlin, Walter de Gruyter & Co, 1985.

Kingsohr, Verbrennen und Löschen, Die Roten Hefte Nr.1, 17. Auflage, Stuttgart, W. Kohlhammer GmbH.

Kircher, Frieder, Schmidt, Georg, Rotes Heft 66 – Rauchabzug, Stuttgart, W. Kohlhammer GmbH, 2000.

Klingsohr, Kurt, Habermaier, Frank, Rotes Heft 41 – Brennbare Flüssigkeiten und Gase, 7. Auflage, Stuttgart, W. Kohlhammer GmbH, 2002.

Knorr, Karl-Heinz, Die Gefahren der Einsatzstelle, 9. Auflage, Stuttgart, W. Kohlhammer GmbH, 2018.

Prendke, Wolf-Dieter, Lexikon der Feuerwehr, Hermann Schröder (Hrsg.), 3. Auflage, Stuttgart, W. Kohlhammer GmbH, 2005.

Rodewald, Gisbert, Brandlehre, 6. Auflage, Stuttgart, W. Kohlhammer GmbH, 2007.

Rodewald, Gisbert, Rempe, Alfons, Feuerlöschmittel, 7. Auflage, Stuttgart, W. Kohlhammer GmbH, 2005.

Rönnfeldt, Jens (Hrsg.), Feuerwehr-Handbuch der Organisation, Technik und Ausbildung, Stuttgart, W. Kohlhammer GmbH, 2003.

Tretzel, Ferdinand, Rotes Heft 18 – Formeln, Tabellen und Wissenswertes für die Feuerwehr, 8. Auflage, Stuttgart, W. Kohlhammer GmbH, 2003.

Vogel, Martin, Rotes Heft 218 – Schornsteinbrände, 2. Auflage, Stuttgart, W. Kohlhammer GmbH, 2019.

Webseite: asecos GmbH Sicherheit und Umweltschutz, online abrufbar unter: https://www.asecos.com/dokumente/TRBS-2152-Teil-3-GEA-Vermeidung-der-Entzuendung.pdf, letzter Zugriff: 22.04.2020.

Webseite: Björn Lüssenheide – Atemschutzunfaelle.eu, online abrufbar unter: https://www.atemschutzunfaelle.de/download/Ausbildung/RLWF_deutsch_handouts.pdf, letzter Zugriff: 22.04.2020.

Webseite: Berufsgenossenschaft der Bauwirtschaft (BG Bau), Informationen und Sicherheitsdatenblätter u. a. zum Flammpunkt, zur Mindestzündenergie sowie zum Brand- und Explosionsschutz, online abrufbar unter: https://www.bgbau.de/themen/sicherheit-und-gesundheit/gefahrstoffe/, letzter Zugriff: 18:05.2020.

Webseite: Berufsgenossenschaft Nahrungsmittel und Gastgewerbe (BGN), online abrufbar unter: https://ghs.portal.bgn.de/9890/28518?wc_cmt=e14fbfe0a6d02e0687c76da7d3a7c10e, letzter Zugriff: 22.04.2020.

Webseite: Berufsgenossenschaft Nahrungsmittel und Gastgewerbe (BGN), ASI 9.35 Handlungshilfe zum Vorgehen bei Silobränden, online abrufbar unter: https://www.bgn-branchenwissen.de/daten/asi/a9_35/titel.htm, letzter Zugriff: 08.06.2020.

Webseite: Berufsgenossenschaft Rohstoffe und chemische Industrie (BG RCI), Informationen u. a. zu entzündbaren Flüssigkeiten, Flammpunkt und Mindestzündernergie, online abrufbar unter: https://www.bgrci.de/exinfode/ex-schutz-wissen/, letzter Zugriff: 18.05.2020.

Webseite: Deutsche Prüfservice GmbH, online abrufbar unter: https://deutsche-pruefservice.de/akku-ladegeraet-explodiert-welche-gefahren-birgt-ein-lithium-ionen-akku, letzter Zugriff: 22.04.2020.

Webseite: Deutsche Gesetzliche Unfallversicherung (DGUV), Einsatz von CO_2-Feuerlöschern in Räumen, online abrufbar unter: https://www.dguv.de/medien/inhalt/praevention/fachbereiche_dguv/fb-fhb/brandschutz/co2feuerloescher.pdf, letzter Zugriff: 28.07.2020.

Webseite: Deutsche Verein des Gas- und Wasserfaches e.V., online abrufbar unter: https://www.dvgw.de/, letzter Zugriff: 22.04.2020.

Webseite: Druckgeräte-Online, Informationen u. a. zu explosionstechnischen Kennzahlen und Temperaturklassen, online abrufbar unter: http://www.druckgeraete-online.de/seiten/frameset10.htm, letzter Zugriff: 18.05.2020.

Webseite: Ex.CE.L Unternehmensberatung und Arbeitsschutz, Informationen u. a. zu Zündtemperatur und Temperaturklassen und Stäuben, online abrufbar unter: https://www.excel-arbeitsschutz.de/ex-prevention/, letzter Zugriff: 18.05.2020.

Webseite: FeuerTrutz Network GmbH, online abrufbar unter: https://www.feuertrutz.de/brandklassen-nach-en-2/150/53791/, letzter Zugriff: 22.04.2020.

Webseite: Feuerwehr Berlin, online abrufbar unter: https://www.berliner-feuerwehr.de/fileadmin/bfw/dokumente/VB/Merkblaetter/Merkblatt_Hinweise_zu_entzuendlichen_Fluessigkeiten.pdf, letzter Zugriff: 22.04.2020.

Webseite: Jürgen Reschke – feuerfakten.de, online abrufbar unter: http://www.feuerfakten.de/flammpunkt-brennpunkt.htm, letzter Zugriff: 22.04.2020.

Webseite: Feuerwehr-lernbar – Die Ausbildungsmedien der Feuerwehrschulen Bayern; abrufbar unter: https://feuerwehr-lernbar.bayern/fileadmin/downloads/Merkblaetter_und_Broschue

ren/Abwehrender_Brandschutz/Brennen_und_Loeschen_Version-4.0/, letzter Zugriff: 08.06.2020.

Webseite: FH Münster, online abrufbar unter: https://www.fh-muenster.de/ciw/downloads/personal/juestel/juestel/chemie/Zuendtemperaturen.pdf, letzter Zugriff: 22.04.2020.

Webseite: Forschungsstelle für Brandschutztechnik an der Universität Karlsruhe – Bewertung des DLS-Löschverfahrens, online abrufbar unter: http://www.ffb.kit.edu/download/DLS2003.pdf, letzter Zugriff: 08.06.2020.

Webseite: Gefahrstoffinformationssystem der Deutschen Gesetzlichen Unfallversicherung (GESTIS), online abrufbar unter: http://gestis.itrust.de/nxt/gateway.dll/gestis_de/000000.xml?f=templates&fn=default.htm&vid=gestisdeu:sdbdeu, letzter Zugriff: 22.04.2020.

Webseite: HASE Kaminofenbau GmbH, online abrufbar unter: https://www.hase.de/magazin/holzfeuer/, letzter Zugriff: 22.04.2020.

Webseite: Haufe-Lexware GmbH & Co. KG, online abrufbar unter: https://www.haufe.de/arbeitsschutz/arbeitsschutz-office/, letzter Zugriff: 18.05.2020.

Webseite: Hessische Landesfeuerwehrschule, Ausbildungseinheit Brennen und Löschen, online abrufbar unter: https://hlfs.hessen.de/sites/hlfs.hessen.de/files/content-downloads/2-3-Brennen_und_L%C3%B6schen-Lernunterlage-F-II_10.100.pdf, letzter Zugriff: 08.06.2020.

Webseite: Holzmann Medien GmbH & Co. KG, online abrufbar unter: https://www.boden-wand-decke.de/so-verhaelt-sich-holz-bei-unterschiedlichen-temperaturen/150/4991/196191, letzter Zugriff: 22.04.2020.

Webseite: HWFB Sytemtechnik GmbH, online abrufbar unter: https://www.hwfb.de/fileadmin/user_upload/_imported/Grundlagen_des_Explosionsschutz_01.pdf, letzter Zugriff: 22.04.2020.

Webseite: INBUREX Consulting GmbH, online abrufbar unter: https://inburex.com/labor/kennzahlen/infos/mindestzuendenergie/, letzter Zugriff: 22.04.2020.

Webseite: Institut für Arbeitsschutz der Deutschen Gesetzlichen Unfallversicherung GESTIS-STAUB-EX,), online abrufbar unter: https://staubex.ifa.dguv.de/, letzter Zugriff: 22.04.2020.

Webseite: Linde Gas GmbH, online abrufbar unter: https://www.linde-gas.at/de/images/Sicherheitshinweis_01_AT_V120_nq_tcm550-101553.pdf, letzter Zugriff: 29.07.2020.

Webseite: LUMITOS AG, Fachportal chemie.de, online abrufbar unter: https://www.chemie.de, letzter Zugriff: 22.04.2020.

Webseite: Pepperl+Fuchs Vertrieb Deutschland GmbH, online abrufbar unter: http://files.pepperl-fuchs.com/selector_files/navi/productInfo/doct/tdoct3746a_ger.pdf, letzter Zugriff: 22.04.2020.

Webseite: Physikalisch-Technische Bundesanstalt (PTB), online abrufbar unter: https://www.ptb.de/cms/ptb/fachabteilungen/abt3/exschutz/ex-grundlagen/temperaturklassen-gasexplosionsschutz.html, letzter Zugriff: 22.04.2020.

Webseite: Puuinfo Ltd. - woodproducts.fi, online abrufbar unter: https://www.woodproducts.fi/de/content/die-verbrennungstechnischen-eigenschaften-von-holz, letzter Zugriff: 22.04.2020.

Webseite: Dr. rer. nat. Wiebke Salzmann – wissenstexte.de, online abrufbar unter: https://physik.wissenstexte.de/dampfdruck.htm/, letzter Zugriff: 22.04.2020.

Webseite: Staatliche Feuerwehrschule Geretsried, Umweltschonender Einsatz von Feuerlöschschäumen – Leitfaden, online abrufbar unter: https://www.sfsg.de/fileadmin/downloads/SFSG/Leitfaden.pdf

Webseite: Steiner & Sohn Feuerschutz GmbH, online abrufbar unter: https://steiner-feuerschutz.de/brandklassen/, letzter Zugriff: 22.04.2020.

Webseite: Südwestrundfunk, online abrufbar unter: https://www.swr.de/wissen/brandgefahr-durch-akkus/-/id=253126/did=22670302/nid=253126/tb3lpm/index.html, letzter Zugriff: 22.04.2020.

Webseite: TÜV SÜD AG, online abrufbar unter: https://www.tuvsud.com/de-de/dienstleistungen/netinform, letzter Zugriff: 18.05.2020.

Webseite: Universität Frankfurt, Referate Arbeits-, Gesundheits- und Umweltschutz, online abrufbar unter: http://web.uni-frankfurt.de/si/gefstoff/kennzVBF.htm, letzter Zugriff: 22.04.2020.

Webseite: U.S. Department of Energy Office of Scientific and Technical Information, online abrufbar unter: https://www.osti.gov/etdeweb/servlets/purl/21391400, letzter Zugriff: 22.04.2020.

Webseite: elektroniknet, online abrufbar unter: https://www.elektroniknet.de/elektronik/power/gefaehrdungspotenzial-von-li-ionen-zellen-92479.html, letzter Zugriff: 22.04.2020.

Webseite: WEKA MEDIA GmbH & Co. KG, online abrufbar unter: https://www.weka.de/brandschutz/brandklassen/, letzter Zugriff: 22.04.2020.

Webseite: Wikipedia Deutschland e.V., online abrufbar unter: https://www.wikipedia.de/, letzter Zugriff: 22.04.2020.

Webseite: Hans-Peter Willig – Die Chemie-Schule, online abrufbar unter: https://www.chemie-schule.de/KnowHow/Selbstentz%C3%BCndung, letzter Zugriff: 22.04.2020.

Dr. Widetschek, Otto: Der »F-Löscher« und weitere Methoden wie Fettbrände gelöscht werden können, Brandschutzjahrbuch 2014, online abrufbar unter: http://www.brandschutzjahrbuch.at/2014/Inserate_2014/74_Fettbrand.pdf, letzter Zugriff: 08.06.2020.

Normen (Auswahl)

DIN 14011:2018-01 »Feuerwehrwesen – Begriffe«

DIN VDE 0132:2018-07 »Brandbekämpfung und technische Hilfeleistung im Bereich elektrischer Anlagen«

DIN EN 15182-1:2019-11 »Tragbare Geräte zum Ausbringen von Löschmitteln, die mit Feuerlöschpumpen gefördert werden - Strahlrohre für die Brandbekämpfung - Teil 1: Allgemeine Anforderungen«

DIN 14530-5:2019-11 »Löschfahrzeuge - Teil 5: Löschgruppenfahrzeug LF 10«
DIN 14346:2018-07 »Feuerwehrwesen -Mobile Systemtrenner B-FW«
DIN 14365-1:1991-02 »Mehrzweckstrahlrohre PN 16«
DIN EN 15182-3:2019-11 »Tragbare Geräte zum Ausbringen von Löschmitteln, die mit Feuerlöschpumpen gefördert werden - Strahlrohre für die Brandbekämpfung - Teil 3: Strahlrohre mit Vollstrahl und/oder einem unveränderlichen Sprühstrahlwinkel PN 16«
DIN EN 2:2005-01 »Brandklassen«
DIN EN 14522:2005-12 »Bestimmung der Zündtemperatur von Gasen und Dämpfen«
DIN 51794:2003-05 »Prüfung von Mineralölkohlenwasserstoffen - Bestimmung der Zündtemperatur«
DIN EN 469:2018-07 – Entwurf »Schutzkleidung für die Feuerwehr - Leistungsanforderungen für Schutzkleidung für Tätigkeiten der Feuerwehr«
DIN 53170:2009-08 »Lösemittel für Beschichtungsstoffe - Bestimmung der Verdunstungszahl«